もっと!

ネコにウケる

東京猫医療センター院長
服部 幸

WANI BOOKS

はじめに　ネコとあなたの幸福度アップを目指して

ネコ好きのみなさんはいま、ネコと楽しく暮らしていますか。
いとしいネコに、できるだけのやさしさと愛情を注いでいますか。
ネコといっしょに暮らすと、思いがけない発見や、
楽しいこと、幸せを感じることがたくさんあり、
共に過ごす日々は、人生のかけがえのない時間になるはずです。
でも、そんなネコとの暮らしも、人間の側（飼い主さん）の視点だけでなく、
ネコの側の視点で考えてみると、私たちと暮らしているネコは、
本当に楽しく満足して毎日を過ごし、自由でのびのびと暮らせているのか、
ちょっと確信がもてなくなりますね。
あなたのやさしさも愛情も、まだ１００％ネコを満足させるには至らず、
じつはネコは、「もっとああしてくれたらいいのに」とか、
「こうしてくれたらウケるのに」なんて不満を抱えているのかもしれません。

甘えんぼうで、やんちゃで気まぐれ、それでいて優雅で繊細な、
たくさんの魅力をもった愛すべき動物、それがネコで、
ただそばにいてくれるだけでも人の心をなごませ、癒してくれます。
その飼い主さんになったからには、
もっと「ネコにウケる」暮らしを考えてみませんか？
「ネコにウケる」って？　それはネコを喜ばせ、
満足させ、幸せな気分にすること。
そのためには、ふだんなかなか気づかないネコの「本音」を知り、
ネコの不思議な行動のワケや、日頃の悩みやがまんを知り、
ココロと体のひみつを知り、妙なクセや習性のことも知って、
より深くネコを理解してあげることが大事でしょう。
ネコブームと呼ばれる時代が来て、日本全国に一千万頭以上いるといわれ、
もっとも身近な動物となったネコですが、
私たちが知らないこと、知っておきたいことはまだまだ多いのです。

そしてときどきは、愛猫の満足度アップ・幸福度アップを目指して、
「ウケるニャー」とネコさんが喜ぶ工夫をしてあげてください。
この本が、少しでもその手助けとなり、
少しでも多くの「ネコさんと飼い主さん」が、
よりハッピーな毎日を送れるようになったら、これほど嬉しいことはありません。

二〇一七年　ニャンニャンニャン（2月22日）の「猫の日」に向けて

服部　幸

もっと！ネコにウケる　目次

CONTENTS

第2章 もっと！ネコの不思議を知る

第3章 もっと！ネコのがまんを知る

第4章 もっと！ネコのココロと体を知る

第5章 もっと！ネコの変なクセを知る

第6章 もっと！楽しく もっと幸せに

※本書は2014年10月に弊社より刊行された『ネコにウケる飼い方』、2015年2月に刊行された『ネコの本音の話をしよう』を再構成し、加筆・修正を加えたものです。

第1章
もっと！ネコの本音を知る

ごはんは食べたいときに「何度でもどうぞ！」

ネコは、人間のように決まった時間に食事をするという習慣はありません。

飼い主さんが用意してくれる食事以外にも、好きなときに食べたいし、食べたいときにいつでも食べものがあるのが理想で、本音では「何度でも食べたい」のです。

野生動物の食事の時間というのは不規則です。肉食動物なら獲物がとれるかどうかで左右され、1日に4、5回食べるときもあれば、何日も獲物を口にできず空腹に耐えなければならないときもあります。ネコの先祖もそうした生活をしていました。

飼いネコの場合、食事の用意は人の役目で、成ネコなら朝・夕の2回ごはんを用意してあげるのが基本です。

黙っていても朝晩ちゃんとごはんが出てくるのですから、常に食糧を探さなければならない野生の暮らしや、野良ネコに比べたら天国のようなものでしょう。

でも、ネコは規則正しい食事を望んでいるわけではなく、本当は「好きなときにいつでも食べられる」のがいいのです。1日2回か3回という食事の時間は、人間の都合でとりあえず設定されているだけで、ネコの本音としては、何時であろうと「食べたいとき」が食事の時間なのです。

だから、食事スペースにふらっとやって来て、お皿が空っぽだったりすると、飼い主さんを振り返って「なぜカラなの？」という目で訴えたりします。たとえ、つい1時間前にお皿いっぱいのフードを平らげていたとしても、ネコには関係ないんですね。

食べたいときに何度でも食べたいという欲求に応えてあげるには、ドライフードを常に少量お皿に入れておくか、1回の食事の分量を少なくして、日に何回か小分けにして与える方法があります。

その際、1日のトータルの食事の分量を決めたらそれを厳守し、オーバーしないように注意することが大事です。よく食べるからと好きなだけ与えてしまうと肥満につながってしまいます。

ネコの「ちょっと食べたい」欲求に応えるには、ペットフードメーカーから手軽なおやつも市販されています。もっとちょうだいとおねだりされることも多いですが、少量だけ与えるのがコツ。食事の主体はあくまで総合栄養食を中心としたフードで、おやつは副食です。与える場合は1日の食事量全体の1割以内に抑えてくださいね。

魚が好物なんて「決めつけないよ！」

日本では「ネコは魚が好き」というのが当たり前のように考えられています。市販されているキャットフードも、「魚肉から作られているもの」が多いです。でもこれ、じつは日本だけの特殊なネコ事情といってもよく、海外ではネコの食事は魚以外の肉類のほうが多いのが普通なのです。

ネコには魚を与えておけばいいという固定観念が定着してしまったのは、日本がぐるっと海に囲まれた島国のために魚が手に入りやすく、魚食文化が根付いていたこと、さらに日本では昔から獣の肉を食べることが禁止されていたため、動物の肉は庶民になじみが薄かったことの影響もあると思います。

もうひとつ、国民的人気のテレビマンガ『サザエさん』の主題歌に、おサカナをくわえて逃げるネコが登場することも「ネコ＝魚好き」の固定化に影響しているのではないかなと私は思っています。

漁村に暮らすネコは魚ばかり食べて生きていますし、実際ネコは魚をよく食べますが、「魚だけが好物と決めつけないで」というのがネコの本音だろうと思います。チキンや七面鳥など〝ネコにウケる食べもの〟はほかにもあるのです。

ネコは純粋な肉食動物で、生存のためには動物性たんぱく質を必要としています。とくにネズミは栄養の面でもネコにとって最適な食糧となるらしく、ネズミを見つければ片っ端から獲物にしてしまいます。古来、ネコはネズミを捕食することから、人間の役に立つ動物として人の暮らしに溶け込むようになったわけです。

ネズミがいなければ、同じような小動物を狩り、鳥やヘビ、トカゲ、カエルなども捕食します。でも、自分で魚を捕って食べるということはありません。野良ネコが池の金魚を狙うことはありますが、水の苦手なネコが海や川に入って魚を捕食することはあり得ないのです。

なにより、イエネコの直接の先祖は砂漠地帯に生息するリビアヤマネコとされていますから、キャットフードではおなじみのマグロやカツオ（いずれも沖合を回遊する魚です）に出会うはずはないのです。

また、不飽和脂肪酸を多く含む青魚（アジ、サバなど）やマグロ、カツオなどばかり食べていると、ネコは黄色脂肪症（別名イエローファット、体内に溜まった脂肪が酸化して炎症などを起こす）という病気になりやすいことからも、ネコの主食は魚と決めつけてはいけないことがわかると思います。なお、これらの魚を利用したキャットフードには、発症を予防するように成分が調整されているので心配はありません。

いつものフードに「ちょい足ししとくね！」

ネコは気まぐれな動物だとよくいわれます。世の飼い主さんたちは、とくに食事に関してそのことを実感しているのではないでしょうか。

いつものフードなのに、食べたり食べなかったり。

ついさっき食べたばかりなのに、「ごはんまだ？」とねだってきたり。

ごちそうを用意したのに、ちょっと口にしただけでぷいっと離れてしまったり。

「これじゃないよ」と言わんばかりに、お皿に背を向けて座り込んだり……。

子ネコのうちや1才くらいまでの時期は、食欲旺盛でお皿に出したものはたいていなんでも食べてくれます。食べたい盛りの成長期には、食事についての「気まぐれ」もあまり出てきません。

ところが、成長して飼い主さんとの生活も長くなると、いわゆる「ムラ食い」が始まり、「あれ、どうして食べてくれないの？」という局面が必ずやってきます。

ネコの味覚や食べものの好き嫌いについては謎が多く、加齢や体調の変化でどう変わるのかなども、ほとんどわかっていません。

食べられるものならなんでもいいわけではなく、ネコがそれを食べるか食べないかは、まず、においで嗅ぎ分けて○か×かの判定を出します。いちど下した判定が覆ることは少なく、×が付けば、高級フードが手付かずでそっくり残されるという悲劇も起こります。

○か×かにはネコなりの繊細な基準があるらしいのですが、人間の感覚では何がよくて何がだめなのか見当もつきません。困ってしまうのは、ふだん食べているフードでも、ある日なぜか×判定が下ったりすることです。

私たちにはわからない理由（原材料がいつの間にか変わっていたとか、添加物が増えていたなど）の場合もあるようですが、「これは飽きたニャ」という理由で×判定の可能性もあります。味覚として飽きてしまうというより、いつも同じなので食べることの喜びや刺激が薄れて、つまらないと感じるのかもしれません。

ネコも動物ですから、「生きる」ことに直結する食べる行為に執着が強いのは当然です。

しかし、生まれて数か月からずっと人間の手で食事が用意され、いつでも食べられる状況が当たり前になっていると、食事に関しても人間に近づいて、たまにちょっと気分を変えたくなったり、贅沢をいってみたくなっても不思議はないと思います。

でも人間の贅沢に比べたらかわいいものです。いつものフードに不満げでも、たとえばネコ用のふりかけ（かつお節や干し小魚など）をほんの少しトッピングしてあげるだけで、あっさり解決することもあります。

グルメ志向の高級ネコ缶などに頼ることはありません。いつものネコ缶をほぐして、魚介類を煮込んだスープ（調味料はなし）と合わせてスープ仕立てにしてみたり、鶏のササミを水だけでゆでて、ほぐしてトッピングにしてあげるのもおすすめです。「ちょい足し」や「ちょい乗せ」という簡単なレベルでいいので、ごはんがワンパターンだなと感じたら、ちょっとした工夫を加えてあげてくださいね。

ただし病気のネコちゃんは食べてはいけないものがあるので、必ずかかりつけの病院で相談してください。

ちょい足し、
ちょい乗せ、
はやく
お願いニャー

膝に乗ったら「最低10分はじっとしてます！」

ネコ好きな人は、ネコが自分の膝の上に乗ってきただけで、幸せな気分になってしまうことも多いでしょう。ただ困るのは、膝の上でネコにくつろがれてしまうと、その姿勢のまま何もできなくなってしまうことです。

ネコがやってくるのは、人がソファで本を読んでいるときや、お茶でも飲みながらテレビを見ているとき、机で書きものをしているときなど……。

「あったかくて弾力のある膝が空いている」と見るや、ネコはこちらの都合など気にもせずにトンッと乗ってきて、足場を決めたら丸くうずくまります。両足をお腹の下にたたんで、いわゆる「香箱を作る」という座り方です。

間もなく、グルグルとのどを鳴らす音が膝を伝って響いてきます。膝の上でしっかりくつろぎ始めたシグナルです。

人間側からすると、自分ものんびり過ごしているときであれば、いくら膝に乗ってこられても平気です。むしろ歓迎ですよね。

しかし、なぜかたいていの場合、「いまここでくつろがれると困るのになあ……」という状況のときが多い、という気がしませんか？

もうそろそろ出かけなくては待ち合わせに遅れるとか、買い物に行かなきゃならないとか、美容院の予約の時間が迫っているとか……。どうもそういうときに限って、ネコが乗ってくるのです。

愛猫家の哀しい習性で、自分の膝の上でネコがリラックスしていたら、そのままそっとしておきたくなります。膝の上で落ち着いたばかりなのに、その体をどかして次の行動をとるなんて簡単にはできませんよね。長年一緒に暮らしているネコでも、人間側にはつい、「そんなことをしたらかわいそう」とか「嫌われちゃうんじゃないか」という心理が働いてしまうのです。

でも人にはやらなくてはいけないことがたくさんあります。残念ながら、ネコと違って時間に追われて暮らしているわけですから、やむなく、ネコの体をそうっと膝から下ろし、立ち上がることになります。

下ろされたネコは、ちらっとこちらを向いて、「ああ、行っちゃうんだ」という顔をしますね。ただしそこに非難めいたものはなく、「人間ってしょうがないニャア」

というクールな表情を変えないのは、さすがネコです。

でも愛猫家のみなさんはきっとご存じでしょうね、ネコもこころの中では「膝に乗ったらせめて10分くらいはじっとしていてよ」と本音をつぶやいていることを。

ネコにウケる、つまりネコが本当に喜ぶ暮らしを実現するには、人もゆったり、のんびりと、心に余裕をもった生活を送ることが肝心なのだと思います。

ポタポタも好きだし「水は好きな方法で飲んで!」

食事の好みや食べ方のクセがネコごとに違うように、水の飲み方にもネコのいろいろな個性が表れます。

通常はごはん用の食器のそばに水の容器を置き、いつでも飲めるようにしておくのが基本です。ところが、その容器からは飲まずに、水道の蛇口から落ちるしずくをなめるのが好きだったり、お風呂場の洗面器にたまった水を飲んだりするネコはけっこう多いのです。

容器にはきれいな水がたっぷり汲んであり、だれにもじゃまされずに飲めるのに、わざわざ変な場所で飲んだり、底にたまった少量の水をぴちゃぴちゃなめたりするのです。

飼い主さんがお風呂から上がるのを脱衣所で待っていて、足元についた水滴をなめるのが好きなネコや、仏壇のお供えの水に前足を突っ込んではなめるのが好き、というネコもいます。ネコと暮らしていると不可解な行動には何度も直面しますが、こうした水を飲むときのクセもよくわからないことのひとつです。

ネコの本音としては、「水だって好きな方法で飲みたい」ということなのでしょう。でも、水飲み場があるのに、なぜわざわざ面倒な飲み方をするのでしょうか?

これについてははっきりした説明はできないのですが、与えられた水ではなく、「自分で見つけ、自分で獲得した水」を飲むことを楽しんでいるのではないか、という説もあります。変な飲み方のほうが〝自分にウケる〟ネコもいるということです。

ネコの先祖とされるリビアヤマネコは砂漠の乾燥地帯に住み、ほとんど水にふれることのない暮らしをしていました。生きていくために必要な水分は獲物の肉から摂取することで補っていました。そんな暮らしの中で、岩盤の隙間から滴り落ちる水や、小オアシスのような湧き水を見つけたときの喜びは大きかったはずです。

もしかするとネコも、水道の蛇口のポタポタやお風呂場の残り水に、同じような発見の喜びを感じているのかもしれません。ご先祖とは環境もスケールもだいぶ違いますが、自分で見つけ、ゲットした水だと思うとおいしさも格別なのかも。

だから、愛猫家を自認するみなさんには、寛大な目でネコを見守り、台所やお風呂場を含め、できればカラカラに乾燥させるよりは多少水気を残しておくよう、そっとお願いしたい気持ちです。その際、洗剤やシャンプーの成分を残さないようにしてくださいね。

部屋のドアは「ちょっと開けておくね！」

カシカシカシカシ……。

今日も部屋のドアを外から引っかく音が聞こえてきませんか？

出入りしたい部屋のドアが閉まっているとき、ネコはツメを軽く立てて表面をこすれば、飼い主さんが開けてくれることを知っています。

もし、なかなか開かないときは、ツメの角度を鋭くしてガシガシガリッと濁音を立てたりすると、すごい勢いでドアが開くことも、知っています。

この〝ネコ式ノック〟の代わりに、ドアの前でミャアミャア鳴くという手っ取り早い方法をとるネコもいますね。

飼い主さんの中には、「なぜ、たいした用事もないだろうに家の中を歩き回って、いちいち人にドアを開けさせるの？」と釈然としない思いの方もいるかもしれません。

でも、ネコにしてみれば、「なぜ、いつも通る道なのにドアを閉めちゃうのかな」と逆に不思議がっているかもしれませんね。

そしてドアをこするカシカシ音（またはガシガシ音）のシグナルを送るたびに、本音では「ちょっと開けておけばいいのに」と思っているに違いないのです。

室内飼育のネコは、お気に入りの場所で一日中じっとしているかというと、そんなことはありません。さほど広くない家の中でも、歩き回るためのルートがいくつか確保してあり、1日に何回かそこを移動しては、窓から外を眺めたり、自分のなわばりをパトロールしているつもりになったり、好きな寝場所を選んでは昼寝して過ごしたりしています。

部屋から部屋へネコが移動するとき、困るのはドアを閉め切られること。しかし人間側としても、ドアを開けっ放しでは仕事や家事をするのに落ち着かなかったり、夏や冬には部屋を閉め切らないと冷暖房の効きが悪くなるという不都合もあります。

かといって、ドアをカシカシされたらいちいち開けに行かなくてはならないので（無視できる飼い主さんはまずいませんね）、開けるか閉めるかというジレンマを抱えることになります。

同様のジレンマを抱えたネコ好きな男性が、17世紀の英国にもいました。

万有引力の法則を発見し、ニュートン力学や近代物理学の祖といわれる自然哲学者・物理学者のアイザック・ニュートン（1642〜1727）です。

ニュートンは、当時まだネコをペットにする人は少なかったという英国で、自分の研究所に住み着いた2匹のネコをかわいがり、自由に出入りさせていたそうです。

しかし、ネコの出入りのたびにドアを開け閉めしていては研究の妨げになるので、彼は一考し、ドアの下部にネコの体がくぐり抜けられる小さな扉を作ってあげました。いわゆるキャットドア（キャットフラップともいう）の走りです。確かなことはわかりませんが、キャットドア第1号はニュートンの発明だという説もあるそうです。

外国の映画などで見て、キャットドアに憧れた愛猫家は多いのではないでしょうか。

そーよ、
あけておけば
いいのょ

あー、
なぜ閉めるか
ニャー

最近では、自宅の新築やリフォームの際にキャットドアを設置する飼い主さんも増えているようで、取り付け簡単な専用キットも市販されています。

ドアの開閉問題をクリアし、人にもネコにも便利な小さな扉・キャットドア。住宅事情の問題もありますが、〝ネコにもウケる〟より快適な暮らしを望む飼い主さんが増えると、ますます需要が高まるかもしれません。初めてこれをくぐるネコは、「最初からこうしてくれたらよかったのに！」なんて思うのでしょうね。

ツメ切りは「機嫌のいいとき手際よくやるよ！」

ツメを切られるのが苦手なネコは多いです。飼い主さんがこっそりツメ切りを手にしたただけで、さっと隠れてしまう敏感なネコもいるほどです。

狩りで活躍し、ときに身を守るための大事な武器にもなる前足のツメは、ふだんのツメ研ぎによって鋭く保たれています。その鋭さこそツメの生命線なのに、勝手にさわられたりパチンと切られてしまうのは、ネコにしてみれば耐えがたいことなのかもしれません。

とはいえ、狩りの機会もない平穏な日常の中で、飼い主さんがどうしてもツメを切りたがることをネコは承知しています。自分のツメが伸びていると、人に抱っこされてしがみついたり、ついネコパンチを放ってしまうとき相手に痛い思いをさせているらしいことも、たぶん知っているのです。

だからなのか、ふだんはツメ切りに徹底した拒否行動をとるのに、ごくたまに無抵抗で切らせてくれるときもあります。ほかのことに気をとられていて抵抗するのを忘れたのか、なぜか飼い主さんに寛容な気分になっているのか、そのへんはよくわかりませんが、「今日は切らせてもいいかな」という態度のときがまれにあるのです。

また、眠くてたまらないときや、寝起きでちょっとボーッとしているときも警戒心が薄く、ツメ切りのチャンスといえます。

飼い主さんは、そんな絶好の機会を逃さずに、そっと愛猫の前足を持ち上げましょう。そしてネコの気が変わらないうちに、すみやかにツメをカットしましょう。

あわてずに、指の付け根を押さえながら、ニュッと出てくるツメの先にしっかりネコ用ツメ切りを当てていきます。切るのは血管や神経の通っていない白っぽい部分の真ん中くらいが目安。神経がきているピンク色の部分まで切ってしまうと激痛が走るので、刃を当てる位置は慎重にお願いします。

しかし、いつもツメ切りで激しい抵抗に遭っているあなたは、シャーッと威嚇されたり、かまれるのじゃないかと不安で、おっかなびっくりになってしまうかもしれません。切る人が弱気だったりモタモタして進まないと、ネコは気が変わってしまい、前足を引っ込めてさっとどこかへ行ってしまいます。「協力する気になっているんだから、もうちょっと手際よくやって」というのがこんなときのネコの本音かも。

ツメ切りのコツとしては、ネコが協力的なうちに手早く1、2本ずつ切って、いやがるそぶりを見せ始めたらすぐやめること。一度に全部切ってしまおうとせず、また次のチャンスに続きを切ればいい、と思うようにしておくと気分的にもラクです。

雑誌などで、ネコの首の後ろを押さえて2人がかりで切る方法や、洗濯ネットに入れて切る方法が紹介されることがありますが、あまりおすすめできません。ネコは体を拘束されるのが嫌いなので、「いやなことをされた」という印象ばかりが残り、ツメ切りをますますいやがったり、足をさわられると威嚇したりするようになります。

それよりも、いまが切りどきだというチャンスをとらえて、おだやかな空気のまま少しずつ切っておくのがベターだと思います。

トイレは「ちょっと広めにしとくね！」

トイレに関しては、容器や砂についても本音では満足していない可能性があります。野良ネコがわざわざ窮屈なところでおしっこをしないように、トイレ容器に関してもゆったりのびのびと排泄できるものが本当はいいはずなのです。

子ネコ時代に購入した小さめのトイレを成長した後もずっと使い続けていたりすると、ネコは不満を抱えつつ「仕方なく」使っている可能性が高いです。市販の一般的な成ネコ用トイレでも、のびのび用を足したいネコの欲求からするとサイズが小さいといわれています。

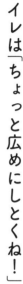

理想としてはネコの体長（頭の先からお尻までの長さ）の1・5倍以上の大きさが必要で、そのくらい余裕があると毎回好きな立ち位置でゆったり用が足せるようです。

全体をプラスチックのカバーで覆ったドーム型トイレも、「においがもれない、砂が飛び散らない」という利点はあるものの、考えてみれば野生ではあのような覆いのある場所で排泄することはなく、あの形は「人間側の都合」で考案されたものだとわかります。ネコにとっては不自然なトイレで、夏は湿気やにおいもこもりがちなので、本音では「苦手だニャ」と思っているかもしれません。

小さく窮屈なトイレでも、ネコは前足を容器のふちにかけたりして、それなりに上手に使用します。ドーム型トイレも、とくにいやがる様子も見せずに使ってくれます。一見なんの不都合もないように見えますが、ネコは置かれた環境に自分を順応させながら暮らす動物です。トイレがそれしかないなら、もし不満があってもそこでするしかないわけで、本音では「仕方なく使ってます」という状態なのかもしれません。

トイレ用の砂も同様で、ネコそれぞれに好みの質感があるようです。

パルプ系・鉱物系・植物系（おから、ヒノキチップなど）・シリカゲル系などさまざまな種類が市販されていますが、ネコ自身に好みの砂を選ばせる実験をすると、多くのネコは鉱物系の砂、つまり野外で用を足すときの自然の砂に近いものを選ぶようです。これは足裏への感触や、使用後に「砂かけ」をしやすいということも関係しているのでしょう。昔はよく、砂の代わりに新聞紙をちぎって入れておいてもいいといわれていましたが、紙では濡れたときに足裏にも感触が伝わり、「砂かけ」もできないので、ネコはしぶしぶ使っていたのだろうなと想像してしまいます。

ネコと暮らすなら、「本音ではいろいろ不満があるのかも」とネコ目線に立って思いやることも飼い主さんの役目ではないでしょうか。

神経質なネコだと、狭いトイレでの排泄そのものがストレスになってしまい、膀胱炎などの病気を誘発することもあるので、トイレ選びも大事なのです。

よく寝るんだから「お好みのベッドをどうぞ！」

ネコは1日のうち16～20時間を寝て過ごしています。大半は眠りの浅いうたた寝ですが、そのときどきに好きな場所を選んで寝るため、たいていは家の中に自分の寝場所をいくつかキープしています。

日中の寝場所はたとえば、ソファの上、出窓のへり、風呂場の脱衣かご、タンスの上などを、その日の気分やお天気（気温・湿度）の違いなどで、なんとなくローテーションしながら使っています。夜はやはり長めの睡眠をとるので、飼い主さんのベッドで一緒に寝たり、ネコベッドを使ったりと、いくつかある定位置のどれかで寝ています。

ネコを飼っている方ならおわかりかと思いますが、ネコは飼い主さんが「ここで寝てね」と専用ベッドをあてがっても、素直に寝てくれるとは限りません。

フカフカの高価なネコベッドを買い与えても、お気に召さず、1回も寝てくれずに無用の長物になってしまうこともあります。〝ネコにウケる寝床〟を用意するのはなかなかむずかしいわけです。

ごはんのときと同じで、ベッドにもネコそれぞれの合否判定の基準があるらしく、最初に×判定が下ったベッドは、そのまま使われずにほぼ現役引退になってしまいます。×の理由はにおいなのか、体の収まり具合なのか、人間にはよくわかりませんが、なにしろネコは1日の大半を寝て過ごすので、「寝場所にだけはこだわります」ということなのです。

こだわるといっても贅沢な意味ではなく、段ボール箱に古いバスタオルを敷いただけの寝床がお気に入りだったり、紙袋や新聞をストックしておく場所に潜り込んで寝るのが好きなネコがいたりします。また、ごはんのときの○×判定とちょっと違うのは、この「こだわり」は微妙に変化するらしく、ネコのマイブーム的に好みの寝場所も定期的に変わっていくことです。

朝まで
じゃま
しないでね

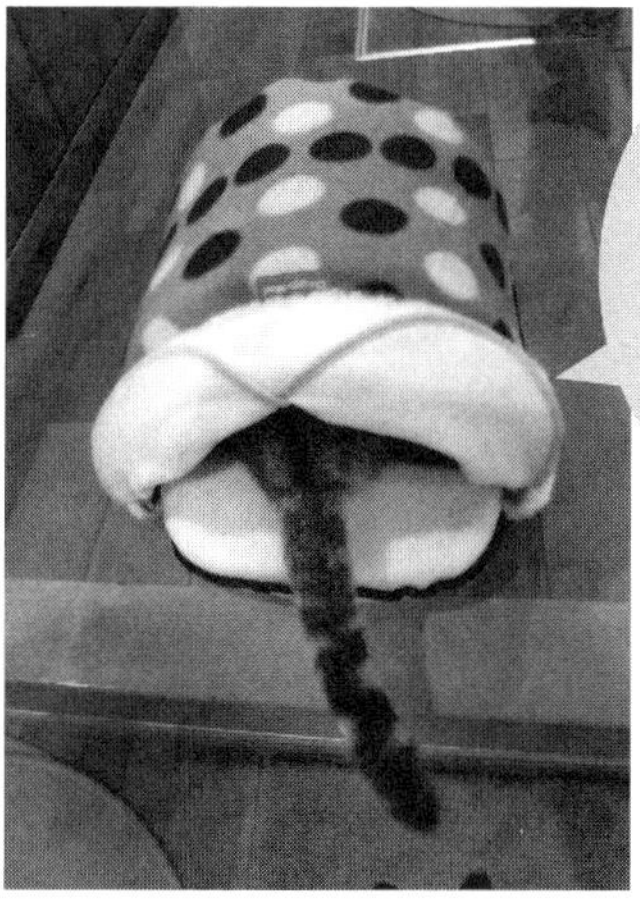
これが
ボクの
こだわり
ってやつ

たとえば、そこに抜け毛がこびりつくほどよく寝ていたソファのブームが去ると、ピアノの上が昼間の定位置になったり、使われずに放置されていた高価なネコベッドでたまに昼寝している姿が見られたり……（だから捨てるわけにもいかないのです）。夜の寝場所も、飼い主さん一家の長女とずっと寝ていたのが、ある日を境にお父さんのベッドの足元で寝るようになったりすることがあります。

季節や気候などで寝場所の快適さも微妙に変わるので、より心地よく眠れる場所を選ぶのだと思いますが、いずれにしろ、ネコに寝場所を強制することはできないということです。どこでも平気で寝るようでいて、じつは、けっこうこだわりがあることをお忘れなく。

音楽だって「好みのロックを聴かせるね！」

ネコの特徴のひとつに聴覚がすぐれていることがあります。

イヌや人間には聴き取れない高い周波数の音もネコには聴こえているし、小さな音でも、それがどの方向から発せられているか突きとめる能力にも長《た》けています。

これは生きるための狩猟の方法とも関わっています。イヌは獲物を集団で追いかけて狩りを行いますが、ネコは単独で「待ち伏せ・忍び寄り型」の高度な狩りを行うため、ネズミなど獲物が近づくかすかな気配や、鳴き声のする位置を聴き分ける鋭い聴覚が必要だったのです。

ではこの敏感なネコの耳に、音楽はどう聴こえているのでしょうか。

イヌの場合は、音楽の特定の音域やメロディに反応して、遠吠えや鳴き声でハーモニーのように参加してしまうことがあります。救急車のサイレンが聴こえると必ず遠吠えを始めるイヌもいますね。愛犬家には、「うちのワンちゃんはモーツァルトを聴かせるとうっとりする」というような方もいますが、ネコに関しては何か特定の音楽を喜ぶとか、ニャンニャンとハモったなどという話はあまり聞きません。

しかし、音楽のリズムや音階はネコの脳にも響いているはずで、きっと好ましく感じたりする音楽もあるはずです。

外国の例ですが、アンリ・ソーゲ（1901〜1989）というフランスの作曲家は、ドビュッシーの曲をピアノで弾き始めると、飼いネコが興奮状態になるのを発見して驚いたそうです。曲が始まるとネコは床を転げ回り、ピアノに飛び乗り、ソーゲ氏の膝に飛び移り、鍵盤を弾く手をなめ始めたそうです。弾くのをやめるとネコはそこを離れるのですが、また弾き始めると急いで戻ってきて、また手をなめたというのです。

これは英国の動物行動学者デズモンド・モリス（1928〜）の著書『キャット・ウォッチング』で紹介されている事例で、ほかにも女性歌手の特定の高音域に異常に反応するネコや、ピアノで弾くある連続音を聴くとけいれんの発作を起こしてしまうネコの例も紹介されています。

これらは、音楽の「ある高音域の音」に過敏に反応してしまうネコがいるという事例で、それはたとえば「子ネコが緊急に助けを求めて鳴く声」や、「性的興奮を誘う高周波の音」に近いためにこうしたパニック反応が起こるのではないか、とデズモンド・モリスは推論しています。

では音楽のリズムについてはどうなのでしょうか。

人間が最も心地よく感じる音楽は、心臓の鼓動のリズムに同調する音楽だという説があります。もしネコもそうだとすると、トコトコトコと（愛猫の胸に耳を当てて鼓動を聞いてみてください）、けっこう早めのビートの音楽がウケそうです。演歌やクラシックではありませんね。ネコにずばり本音で言ってもらうと、「ロックンロールがたまらんニャ」ということではないでしょうか。

実際、わが家のネコにいろいろ音楽を聴かせてみたところ、偶然かもしれませんがロックミュージックを聞きながら熟睡し始めました。それもスピーカーの真ん前でです。まるで子守唄のようでした。

もちろん、ネコの音楽反応については個体差があり、まったく無反応のネコも多いので、「ネコはロック好き」と決めつけてはいけないのは言うまでもありません。

遊ぶときは「本気で狩りごっこしようね！」

ネコは狩猟本能を持つ肉食動物です。生きるためには動物性タンパク質が必要で、だから子ネコのときから「動くもの」に対して非常に敏感です。

動くものはイコール動物性タンパク質で、自分の食糧となることが本能としてインプットされています。それゆえ動くものには反応せずにはいられず、反射的に捕まえようという行動に出るのです。

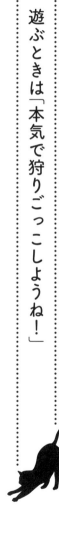

子ネコのうちは親兄弟との遊びの中で、動くものを捕まえたり、逃げられたりしながら狩りの技術を少しずつ身につけていきます。同時に足腰も鍛えられ、狩りに必要な動きや俊敏性を身につけ、狩猟本能は研ぎ澄まされていきます。

そうしてハンターとして鍛えられていくのに、生後数か月で人の飼いネコになると、食事はふんだんに与えられ、狩りの機会はなかなかやってこないわけです。

生まれて半年~8か月も経てば、ネコはハンターとしてひとり立ちできる時期で、野生では親を離れて独立する頃合いです。のんびり平和な飼いネコ暮らしの中で、この狩りの衝動をどうしたらいいのでしょうか?

そこで大事になるのが、飼い主さんが協力して「遊ぶ」ことです。

「ネコは寝るのと遊ぶのが仕事」といわれますが、これはあながち冗談ではなく、「遊び」は狩猟本能による狩りへの衝動を「狩り」の代わりに刺激して満足させるために重要なことなのです。子ネコのうちはもちろん、1~2才くらいまでは毎日しっかり時間をとって一緒に遊んであげることが大事で、大人になってからも老いの兆しが見え始める10才くらいまでは、まめに遊んであげてください。

ネコも年をとってくると、こちらから遊びに誘ってもノリが悪くなってきますが、それよりも問題なのは、飼い主さんが遊びに手を抜いてしまうことです。

ネズミのおもちゃや、じゃらし系おもちゃでネコが喜ぶのは、獲物を狙う狩りの興奮を疑似体験できるからで、飼い主さんがおもちゃを巧みに操作してリアルに刺激してこそ、ネコは興奮しドキドキし、〝狩りごっこ〟を楽しむことができるのです。

それを、じゃらし系おもちゃやヒモの付いた人形を適当にその場で振り回して終わるようだと、ネコはドキドキの興奮も、狩りの達成の快感も味わえません。せっかくの遊びの時間にそんなことが続くと、「たまにはちゃんとマジメに遊んでよ」という本音が炸裂することでしょう。

長い時間遊ぶ必要はないのです。ネコもそう長くは集中力が続きません。5分～15分、週に数回でいいので、ぜひネコにウケるやり方で一緒に遊んであげてください。

高いところに「よけいな物は置かないよ！」

ネコは高いところが好きで、本棚やタンスの上、食器棚や冷蔵庫の上など室内の高い場所にお気に入りの居場所を作ります。

なぜ高いところが好きかというと、野生の生活の名残で、高いところにいるとネコは安心できるのです。ネコは肉食獣としては小型で身が軽く、木登りも得意です。野生では、敵となる大型の肉食獣が登ってこられない木の上を安全な隠れ家として利用し、休息したり獲物を探す見張り場としていました。

人に飼われるようになっても、自分だけが登れる高い場所は落ち着くようで、家の中の高い場所（視界が広く部屋全体を見渡せるような場所）はお気に入りスポットになるのです。

この習性を満足させるためにキャットタワーを置いたり、キャットウォーク（高所に設置されたネコ用の通路兼休憩所）を設けることができればいいのですが、住宅事情でそうもいかない場合も多いでしょう。

足場になるものがなくても、ネコは巧みにその場のものを利用して高い場所へ登ります。カーテンレールや梁《はり》のわずかな出っ張りを伝って移動したり、飼い主さんの肩を脚立代わりに使って冷蔵庫に飛び乗るネコもいます。しかし、それでは物を壊してしまったり、足を踏み外してケガをしたりしかねません。

そんなときは、家具の配置によって階段状の段差を作り、お目当てのタンスや本棚の上へ登るルートを確保してあげましょう。家具が足りないときはふだん使わない椅子やスツール、カラーボックスなども利用できます。

階段状ルートが開通すれば、ネコが好きな上下運動もできるので、若いネコはとくに喜ぶはずです。また老ネコにとっては、高いところへ登りたくても足腰のバネが弱ってがまんしていることもあるので、補助用のステップとして使えるようになるとうれしいと思います。

せっかくルートはできたのに、タンスや本棚の上など肝心の場所にじゃまなものがあると、ネコはくつろげません。多少狭くてもいいのですが、体の向きを変えたり、ゆったり腹這いになれる程度のスペースがないと落ち着かないでしょう。

問題は、タンスや本棚、冷蔵庫の上というのは、人間にとっては「ちょっと物を置く」のに都合のいい場所でもあること。頂き物の箱やポスター、使わないカレンダー、子どもが宿題で作った工作などがいつの間にかスペースを占領しがちなのです。

ついそのままにしておくと、ネコはじゃまな物をそっと上から落としたり、自分の体が収まるようにくしゃくしゃにつぶしたりしてしまいます。「まったく、よけいな物を置かないでよ」というのが本音でしょうね。

こたつやヒーターは「ぬるめにしておくね！」

ネコの安全・安心を考えるうえで、とくに注意が必要なのが、冬の暖房です。

ご存じのようにたいていのネコは寒がりで、暖房をつけるとあったかい場所に真っ先にやってきます。ファンヒーター、石油・ガスストーブ、オイルヒーターなどの周りはすぐにネコの指定席になってしまいます。もちろんこたつも大好きです。

最も気をつけなければいけないのは、本体の一部が高温になるストーブ類です。実際、当病院にも冬になると必ずストーブでヤケドしてしまったネコが運ばれてきます。そばにきてしっぽを動かしているうちに先端を焦がしてしまうこともあるので、ストーブの周りは必ずストーブガードで囲ってください。

ファンヒーターも吹き出し口付近は高温になるのでヤケドの恐れがあり、専用の吹き出し口ガードを設置したほうが安心です。使用中のファンヒーター上部に乗って、居眠りするのが好きなネコもいますが、これもできるだけ乗るクセをつけさせないようにしたいものです。通常は上で居眠りしても低温ヤケドをするほどではないのですが、垂れ下がったしっぽが吹き出し口付近まで落ちてきて、ヤケドしそうになる例もあります。

またスイッチが上部に並んでいる機種だと、上に乗った拍子に点火スイッチを押してしまったり、温度設定を勝手に変えてしまうことがあります。誤作動を起こさないよう、チャイルドロックなどロック機能をまめに利用しましょう。火気を使う暖房器具はくれぐれも注意が必要で、人が不在になるような部屋では絶対にスイッチを入れっ放しにしないことです。

こたつは温度設定と布団に注意です。ネコが入っているときや入ってくるのがわかっているときは、スイッチを切ったままにしておく（寒さが厳しい地域では一番低い温度設定にしておく）のがよいと思います。

高い温度設定だと、密閉されたこたつの中で居眠りしているうちに、酸欠や熱中症のような症状になることがあります。熱ければ自分で布団から出ればいいのですが、重い布団がかけられていたり、中から出にくい状態になっていると子ネコなどは閉じ込められてしまいます。鳴いても外に音がもれにくいので、危険な状態になりかねません。

こたつはネコにとって冬のお友だちみたいな存在ですが、安全を考えれば温度は「ぬるめ」を推奨します。

これはペット専用のヒーターやあんかなどでも同様。ネコに留守番してもらうときなども、寒さをしのぐには低めの温度設定でも十分です。あまり高く設定すると低温ヤケドをすることがあるので十分注意してください。それほど寒くない日は、お気に入りのバスタオルや毛布、ブランケットを準備してあげるだけでもよいと思います。

時代遅れのしつけは「そろそろやめにします!」

ネコも飼い主がちゃんと「しつけ」をしなければならない、と思い込んでいる方はいないでしょうか?
周囲に迷惑をかけないようにするという「ペットを飼う者の責任」はありますが、ネコのしつけというのは難しいもの。ネコは人に飼われても本能のままに生きることをやめませんから、イヌのように主従関係をはっきりさせて、飼い主（主人）の指示に従わせるというのは無理なのです。欧米では、ネコをしつけようときびしく当たっ

たりする飼い主は逆に非難されるのが普通です。

勘違いしがちですが、ネコを飼いならすとか行儀のいいネコにするというのは、飼い主側がしつけに成功したわけではなく、人がネコに上手に「しつけられた」ということなのです。たとえばトイレのしつけは、人間側が砂を入れた清潔なトイレをちゃんと用意すればスムーズにいくわけで、使いづらく不衛生なトイレで「ここにしなさい」としつけようとしても無理なんですね。

壁や柱でのツメ研ぎなど人間側に都合の悪いことをやめさせたいと思っても、ツメ研ぎはネコの本能なので、「しつけ」でやめさせることはできません。いくら叱りつけても無理だし、ほかにもっと楽しくツメ研ぎできる場所を提供するなど、人間が知恵を使って工夫するほかありません。

以前はネコの飼育本などで、いけないことをしたらすぐ大声で叱るとか、雑誌をバンッと叩いて脅かすとか、隠れたところから水鉄砲で水をかける、などの「しつけの方法」が紹介されることがありました。

要するに、「これをしたらいやなことが起こる」とネコに学習させて、行儀のいいネコにしつけましょうというのです。

しかし、ネコの本音を言うなら、こうしたしつけには「うんざり」なのです。高いところには登りたいし、おいしそうなにおいがすれば人の食事も欲しがるし、セミがいたら捕まえるし、人が怖くなったらネコパンチを出してしまう、それがネコですし、本能や習性は変えられません。

そういうネコを丸ごと愛することがネコと暮らす醍醐味なのです。しつけが大事と思い込んで、ネコにいやな思いばかりさせてしまっては、ネコも人もちょっと不幸ですよね。

ネコにかまれないようにするには、どうすればいいですか？　と相談してくる飼い主さんもいます。この場合も、叱ってしつけることはおすすめできません。一緒に遊んでいるときにかみついてきたら、その場で遊ぶのをやめることで「かみついてもつまらない」「面白くない」とネコに感じてもらうようにしましょう。

もちろん1回ではそんなこと覚えてくれません。根気よく何回も（何十回でも！）続けてみてください。

しつけより、
自由でのびのび
がいいニャー

きみのために「不規則すぎる生活をやめます！」

ネコは人と長く暮らすうちに、飼い主さんの生活リズムに次第に自分の生活リズムを合わせるようになってきます。

かつてネコは、夜行性の動物と紹介されることが多かったのですが、ご存じのように飼い主さんが寝ている夜中は、ネコもだいたい寝ていることが多いので、夜行性だとは言わなくなってきています。

それでもなぜか暗くなると元気になるネコは多く、夕方や夜中にいきなりドタバタと家中を走り回る、いわゆる〝夜の運動会〟が始まったりします。夕暮れどきや明け方の「薄明薄暮」といわれる時間帯に活動が活発になるネコが多いです。

これは、野生でネコのいちばんの獲物となるネズミ類が、巣穴から出て活動を始める時間帯と重なっているからと考えられています。つまり「狩りの時間」が始まる時間帯になるといまだに血が騒ぐため、その衝動を抑えられずに走り回ってしまうのではないか、というのです。

メスネコ（避妊手術を受けていない場合）の体内リズムも人間の生活の影響を受けているようです。本来は日照時間が長くなってくる春にメスの発情期（繁殖期）がくるとされます。ところが飼い主さんとの室内生活で、日照時間の変化がわかりにくい部屋で暮らすようになると、このリズムが変化し、発情期を迎えるサイクルが変わってきている例も多くなっているのです。

さらに、飼い主さんの生活が極端に不規則だと、ネコも次第に影響を受けて、落ち着きがなくなったり、食欲が落ちたり、ストレス性の下痢を起こす例もあります。

都市部には独身で一人暮らしの飼い主さんも多くなっていますが、不在がちで、いつ帰ってくるのか、いつ寝るのかもわからないような生活だと、同居するネコも生活リズムが乱れてしまいます。深夜に帰ってきて、寝ているネコを起こして相手をさせたり、長時間空腹のまま放っておいたあとドカ食いさせるようなことが起こらないよう、ぜひ注意してほしいものです。

ネコの体調の変化は、「飼い主さん、そろそろ不規則な生活をやめて」という声なき叫びかもしれません。愛しいネコの生活リズムまで乱していないか、ときどきは自分の日常を見直してみることも大事ではないでしょうか。

外泊より「なるべくわが家で過ごそうね！」

旅行などでどうしても数日家を明けなければならないとき、ネコをどうするかという問題が生じます。

選択肢としては、①お留守番させる、②ペットホテルに預ける、③ペットシッターさんをお願いする、④知り合いに留守中世話をしに来てもらう、⑤キャリーケースに入れて連れていく、の5つに絞られてきます。

①のお留守番は、安全面を考えると1泊2日までが基本です。食事・水・トイレを2日分＋多めに準備しておけば、ネコは1泊程度はお利口に留守番してくれます。

ネコを複数飼っている場合は遊び相手がいるので退屈はまぎれますが、2日以上の留守番はやはり何が起こるかわからないので、1泊2日までを基本に考えるべきです。

②のペットホテルは、以前利用したことがあれば安心感はありますが、他の動物と同じフロアで過ごす形式だと、ストレスを感じるだろうと思います。とくにイヌと同じフロアでケージも近いような場合はかなりのストレスを受ける可能性があります。

個室完備のホテルであれば、家で使っている毛布やおもちゃなどを持ち込んで、わりと居心地よく過ごせるはずです。

ホテル泊だと自分のなわばりの外で寝るわけで、それだけで不安を感じて過ごすことになりますが、食事や事故についての心配をしないで済む点はメリットです。

③と④は自分の家から出る必要がなく、世話もしてもらえる点で、ネコにとっては比較的安心でしょう。鍵を預けるわけですから信頼関係がしっかりできていることが大事で、顔なじみの信頼できるペットシッターさんがいれば③、ネコ好きで愛猫とも何度か会ったことがある友人がいれば④がいいでしょう。訪問時には一緒にネコと遊んでくれて、ネコの様子を写真付きメールで送ってくれたりすると安心ですね。

⑤は、あくまでキャリーケースでの移動にすでに慣れさせてあることが前提になります。クルマにしろ電車や飛行機にしろ、移動時間がどのくらいかかるかでも判断が左右されます。ネコが慣れていない場合、長時間の移動はおすすめできません。

ネコに、自分がどうしてほしいか本音で選ぶなら何番かと聞いたら、③か④に集中するのではないでしょうか。ネコはなわばりを守って暮らす動物なので、理由を聞けば「やっぱりわが家がいちばんだニャー」とコメントすると思います。

自分ちが
やっぱり
いいにゃー

第2章
もっと！
ネコの不思議を知る

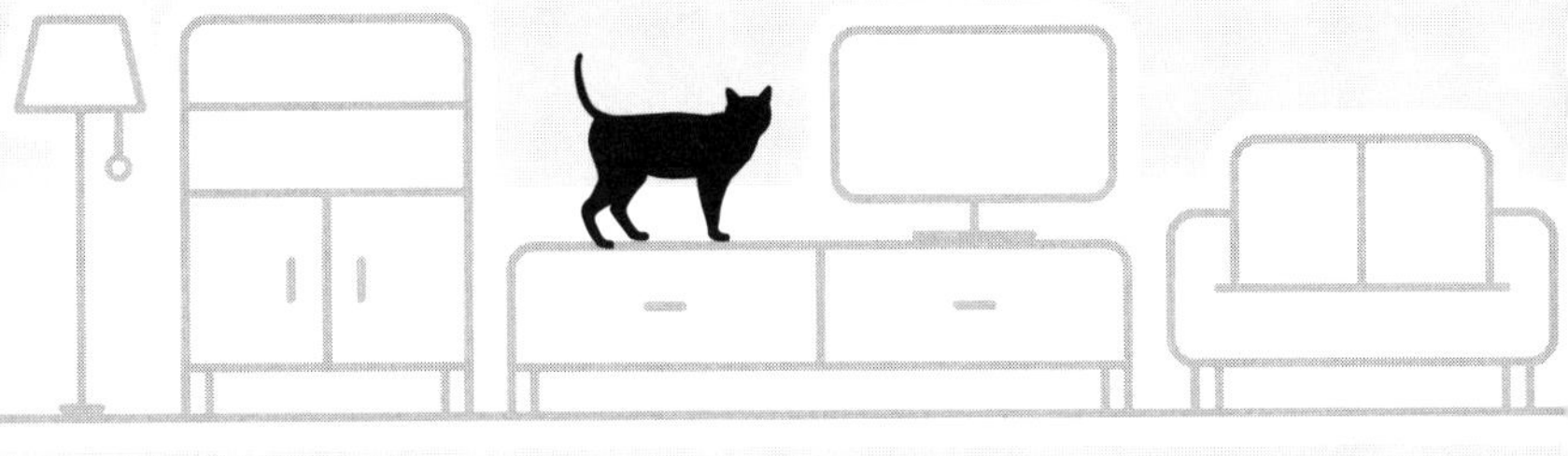

「ネコ転送装置」はやっぱりウケる！

一時ネコ好きさんたちの間で話題になった「ネコ転送装置」というものをご存じでしょうか。

大げさな名前が付いていますが、どんなものかというと、布のテープやリボンで丸い輪っかを作り、床に置いておくだけ。紙テープ、ロープ、ヒモなどでもOKで、フローリングや畳でしたら、ビニールテープを丸く円を描くように貼ってもいいです。輪っかの大きさは、人が両腕で丸く輪を作るくらいです。

これをただ床に放置しておくのです。やがてネコがやってくると、ちょっとにおいを嗅いでチェックしたりしながら、最後は輪の中に入ってちょこんと座ってくれることが多いのです。

その様子が、ちょうどSFドラマ『スタートレック』の転送装置でこれからどこかへ送られるように見えるので、こんな名前が付いたのだと思います。

他愛ない遊びですが、ネコを飼っている人ならつい「転送実験」をしたくなります。

転送装置、
チェック中

転送成功、
ラジャーッ

インターネットで海外でも知られるようになり、テレビでも取り上げていました。
私もうちのネコで試してみたところ、2才の「プーマ」くんは期待通り入ってくれましたが、なぜか円の隅っこにいて、その後はリボンをくわえて遊んでいました。14才のおばあちゃんネコ「うにゃ」ちゃんは、まったく関心を見せず、そのまま通り過ぎていきました。

「やってみた」という飼い主さんたちの反応を聞くと、転送成功率は7～8割でしょうか。これはかなり高率で、世界中で相当な数のネコが転送完了したことになります。

なぜ、こんな遊びが可能になるかといえば、ネコというのは好奇心の固まりだからです。

自分のなわばり内に新しい物が入り込んだり、初めて見るものに出会うと、ネコはチェックせずにはいられません。「コレハナニ？」と、まずにおいを嗅ぎ、害はなさそうか、なわばりの秩序を乱すものではないか、じっくり点検します。

そして転送装置のように新たなスペースが出現（？）した場合、その中に自分の身をおいてみて、居心地を確かめようとするのです。新しい箱や紙袋を見つけるととりあえず入ってみたり、床に紙が落ちているとその上に必ず座ってみるネコがいますが、あれも同様です。

そうしたチェック行動は、好奇心旺盛な若いネコほどまめに行います。そして高齢のネコが転送装置に入ってくれないのは、もう多少のことには動じず、好奇心が薄れているからだろうと思います。

好奇心と点検好きな習性をうまく利用した遊びだから、意外なほどネコにウケて「転送装置」は流行したわけですね。

「きれいな声のおねえさん」に惹かれる!

ネコのオス・メスと、人間の男性・女性、それぞれ性別ごとの「相性のよしあし」はあるのですかと聞かれることがたまにあります。

たとえば「オスは女性になつきやすい」とか、はっきりした傾向があれば回答としては面白いのかもしれませんが、私の実感としてはとくにそういうものは感じません。

性別にはとくに関係なく、「ネコと飼い主さん」の個々の相性があるということだと思います。

ただ、一般的にいわれるようにオス・メスを問わず「ネコは女性になつきやすい」という傾向はあるかもしれません。

それはひとつには男性の低いトーンの声よりも、女性の高い声にネコは反応しやすいからで、ネコの聴覚の特徴とも関係しています。

ネコは高い周波数の音を聞き取る能力が高く、人が聞こえるのは2万Hz、イヌが4万Hzなのに対し、ネコは6万Hzの音まで正確に聞き取ることができ、10万Hzという超音波の音まで感知できるといわれています。

ネコの獲物となるネズミの仲間は2万Hz～9万Hzの高い音で鳴くため、人にはまったく聞こえない鳴き声でも、ネコはその所在をしっかりキャッチできるのです。

ネコのピンと立った耳は、小さな音を増幅して聞き取る機能を備えています。最もよく増幅される音域は2000Hz～6000Hzで、これは子ネコの鳴き声に相当します。だから母ネコは、遠くからでも子ネコの鳴き声でその所在をつかみやすいのです。

人が会話する声はおよそ200Hz～4000Hzなので、ネコの耳はこのうち低音域より高音域のほうが明瞭に聞き取れます。とくに500Hz以下の低い周波数の音には反応が鈍くなるとされています。

つまり、男性の低い声よりも、女性の高い声のほうが聞き取りやすく、敏感に反応してくれるわけです。

その点から、女性のほうがネコとコミュニケーションをとりやすく、ネコも子ネコの声に近い高い声の女性を好み、なつきやすいという説があります。

もうひとつ、人にもよりますが、男性は気がつかないうちに「ネコが苦手なこと」をしてしまっていることが多いのです。

たとえば、急に大声を出したり大声で笑う、大げさな身振り手振りをする、手荒く抱き上げてなでまわす、しつこくさわる、予測できない動きをする、怒ったような口調で話す……など。ネコはそうした態度を威圧されているように感じ、気分が落ち着かなくなります。

澄んだ高い声で、おだやかな口調で話し、ゆったりした物腰の女性だと、やはりネコも安心してリラックスできます。そうした人がネコに「ウケがいい」わけですが、もちろん声の質や男女の別なく、ネコの自由を妨げずいつもやさしく接することで、ネコは自然となついてくれます。

「机の上の消しゴム」は下に落としたい！

ネコのありがちな行動として、机の上に乗っているとき、置かれている消しゴムやえんぴつ、ボールペンなどを前足でちょいちょいと動かして落とす行為があります。「必ず消しゴムを落とすんです、ナゾですよね」という飼い主さんもいますが、これは基本的には、いたずらとして遊んでいるだけなのだと思います。

遊んでいるだけですが、ネコがそれをおもしろがる理由があるはずなので、それをちょっと考えてみましょう。

まずネコは動くものに興味を持ちます。獲物となる小動物や野鳥だけでなく、チョウチョ、ハエ、ヤモリ、青虫、子どものおもちゃなど何でも興味を示します。

また、自分で動かして遊べるものも好きです。ゴムボール1個でもよく遊びます。転がらないものでも、どれだけ動くか前足でタッチして確かめることがあります。これは捕った獲物をすぐに食べずに、いたぶって遊ぶことがあるのと似ています。

外で捕まえたカエルやセミをくわえてきて、前足でちょいちょいしながら、まだ動くかどうかずっと見ていることがあります。残酷に見えますが、こういう習性もネコにはあります。

つまり、そのように前足でちょいちょいすると転がったり動いたりするもの（消しゴムやえんぴつ）に興味を引かれて遊んでいる、ということがひとつ考えられます。

もうひとつは、机の上から落とす行為を楽しんでいるということが考えられます。消しゴムなど弾力のあるものは、落としたあと弾んで転がり、またちょっと遊べるわけです（誤飲には十分注意してください）。えんぴつも落下するときの乾いたコロコロ感がネコには楽しいのかもしれません。

また、机の上のよけいなものを落として、なわばりをすっきりさせている、ということもあるかもしれません。机の上が自分の居場所だったり、いつもの移動ルートだったりするとき、ふだんはそこにないはずのものがあると、点検したのちに排除しようとすることがあります。落下させるのは、いつもはしまってあるはずの消しゴムやボールペンで、ネコにとってはなわばりへの侵入者なのかもしれません。

さらに、これは近くに飼い主さんがいたり、机が飼い主さんの仕事場だったりするときの話ですが、飼い主さんの「気を引く」ためにものを落としているということも考えられます。要するに、「アタシをかまって」とか「仕事なんてしないで遊んで」という意志表示なのです。

以上のように、遊びにも理由を探そうと思えば、理屈で後付けできないことはないのです。でも、ときどき不思議なヘンなことをしてくれるのがネコちゃんだと思って、丸ごと愛してあげるのがいちばんだと思います。

ときどき「ひとりではしゃがせて！」

ネコが昼間、リビングなどで急に猛ダッシュしたり、さっと家具の後ろに隠れたりするのを見たことはないでしょうか。

周りに人もいないし、何かに驚いたわけでもなく、ひとりでウニャッなどと声まで発してはしゃぎながら、バタバタッと動いてすぐ終わるのです。

いわゆる「夜の運動会」ほど激しくはなく、一瞬だけのこともあれば、2〜3回ダッシュして終わりのこともあります。

これはいったい何をやっているのか、なんのつもりなのか、と飼い主さんに聞かれ

いまから
隠れるところ
なのにィ

ふたりで
はしゃいで、
ダッシュ
練習だ!

ることがあります。

なんのつもりなのかはネコに聞いてみないとわかりませんが、ひとりで追いかけっこやかくれんぼをしているのだと思います。

たぶん、「ちょっと退屈だし、最近体も動かしてないニャ」というとき、不意に衝動として出てくる、〝ネコ自身にウケる遊び〟なのではないかと思います。

狩猟動物のネコは、ふだんは寝そべって休息ばかりしていますが、狩りのときには全身の神経を集中させて狙った相手に忍び寄り、一瞬のダッシュ（飛びかかり）で獲物を捕らえます。

その瞬発力を発揮する機会もなく、飼い主さんとの遊びで欲求を発散しきれていないとき、不意に「動きたい！」という衝動が猛ダッシュとして表れてしまうのではないでしょうか。

しかし、「夜の運動会」ほど本能に突き動かされているわけではないので、ダッシュを飼い主さんに見られたりすると、照れくさくなってすぐやめてしまうのです。

家具の後ろに隠れるのは、外敵に追われて必死に逃げているつもりの遊びなのかもしれません。

大きな獣に追われ、岩かげや穴ぐらに逃げ込むのは、スリルもあって興奮します。飼い主さんがリビングに入ってきたときなど、あわててダダッとソファのかげに隠れることでエキサイティングな瞬間を作り出し、ドキドキをおもしろがっているのかもしれませんね。

もっとも、本当のところはネコに聞いてみないとわかりません。ナゾだから、ネコはおもしろいんですね。

「ゆっくりまばたき」されたら安心！

ネコの大きな瞳は魅力的です。じっと見ていると、宝石にもたとえられるその美しさに引き込まれてしまいそうです。

でも、よく見るとネコの目の表面に毛が2、3本くっついていたということはありませんか？　獣医師として毎日多数のネコを診察していると、ときどきそういうネコちゃんに会います。本人（本ネコ？）はまばたきもせず、まるで気にしていないのですが、痛くないのかなと心配になったりします。

観察するとわかりますが、ネコはあまり「まばたき」をしません。人間なら、とくに意識しなければ数秒に1回は自然とまばたきをしています。

まばたきをする理由は大きく分けて2つあり、ひとつめは、ときどきまぶたを閉じることで目の表面をワイパーのように掃除するためです。

ふたつめは、目の表面が乾かないようにするためです。まばたきをすることで涙を眼球全体に行き渡らせることができ、目の表面にうるおいを与えることができます。

ほかにも、光を一時的に遮断して網膜（目の奥にある光のセンサー）を休ませるとか、目から入る情報を一時的に遮断して、脳をリセットする効果もあるといわれています。

では、なぜネコは「まばたき」をあまりしないのでしょうか。

その理由は詳しく解明されてはいませんが、ネコは目の表面の知覚神経が人と比べるとだいぶ鈍い、というのが理由のひとつといわれています。

人間はしばらくまばたきをしないでいると、目の表面が乾く感じがして痛くなってきます。さらにネコの毛が2、3本でも目の中に入ったら、気になってパチパチまばたきをくり返してしまうでしょう。

コンタクトレンズを使っている方は経験があると思いますが、レンズと目の間に小さなホコリが入っただけでもとても痛いものです。

ところが、まばたきしないネコの目を間近で観察しても、磨き上げられたガラスのようにきれいにうるおって見えます。ドライアイになることも目がひりひり痛むこともなさそうです。

ネコのまばたきは、じつはコミュニケーションの上でもとても大きな意味を持っています。

おだやかな気持ちのとき、あなたと愛猫がしばし見つめ合うと、ネコはどんな反応を見せるでしょうか。

ゆっくりまばたきをしてくれたら、あなたは愛猫に好意を持たれ、信頼されている証拠です。ネコが相手に向かってゆっくり目を閉じるのは、敵意がなくリラックスしている状態を表しています。

そっと目を細めたり、両目をギュッと閉じたりするのも、親愛のサインといわれています。

あなたのほうからも、ゆっくりまばたきをしてあげるとネコは安心するはずです。

この「ゆっくりまばたき」は初対面のネコの緊張をほぐすときにも応用できます。

逆に、目を見開いたままじーっと見つめ合ってしまうと、ネコは緊張し警戒してしまいます。ネコ同士のケンカのときも睨み合いから始まり、どちらかが視線をそらすまで続きます。まばたきが、「敵意はないよ」のサインになることを覚えておくといいと思います。

「前足は6本指」だって問題なし！

ネコの指の数は、前足5本、後足4本、四肢の合計で18本。これが普通です。
しかし、前足が6本指のネコも少なからず存在します。これは多《た》趾《し》症《しょう》と呼ばれ、それほど珍しい例ではありません。有名なところでは、作家のヘミングウェイがフロリダ州のキーウエストに住んでいた頃に飼っていた「スノーボール」というネコは前足が6本指で、このネコが産んだ子ネコたちもみな6本指だったそうです。いまでもヘミングウェイの旧宅（現在は「ヘミングウェイ博物館」）にはこのネコの直系の子孫たちが数十匹暮らしていますが、その約半数はいまだに6本指だそうです。

私もテレビの取材番組でその「ヘミングウェイ・キャット」と呼ばれる子孫のネコちゃんたちを見たことがあります。雑種のネコなのですが、前足はみなミトンの手袋をはめているようにふっくらと大きく、たしかにほとんどが6本指なのです。

もともとはヘミングウェイがキーウエストに出入りする船の船長からもらい受けたネコだそうで、船乗りたちの間では昔から6本指のネコは「幸運を呼ぶネコ」とされていました。それは大きくがっちりした前足で、航海中の食糧をあさるネズミをよく退治したからで、船に張られたロープも大きな前足でつかんで軽々と登り伝うことができるので船乗りたちに愛されたようです。

多趾症のネコは昔からアメリカの東海岸に多いとされ、これはメイフラワー号に乗せられて新大陸にやってきたネコが、近親相姦をくり返したためとも、もともと6本指のネコが最初に連れられてきたためともいわれています。アメリカでは多趾症のネコを、親しみを込めて「ヘミングウェイ・キャット」と呼ぶこともあるそうです。

私も、実際に多趾症のネコちゃんを何匹か診察したことがありますが、骨格や肉球にとくに異常はなく、日常の暮らしに不都合が生じることはないようです。

ちなみに、ギネスブックに登録された〝最多の指を持つネコ〟は、カナダ・オンタリオ州に住むジェイクというネコで、四肢のすべてに7本ずつ、合計28本の指を持っていたそうです。地元の獣医師がジェイクの足の指をよく調べたところ、ツメ、肉球、骨格ともに「すべて正常、完璧」だったそうです。

「20m先のネズミの声」だって聞こえる!

ネコのすぐれた聴覚については先にもふれました。ネコの聴力はイヌの2倍、人の8倍といわれ、20m先のネズミが動く音や、虫が芝生の上を歩く音も聞こえているといいます。

なぜネコの耳がよいかというと、耳の構造にも秘密があります。

小さな音を聞くことができるのは、まず耳がメガホンのような形状をしており、小さな音を増幅して中耳に伝えることができるからです。

私たち人間も音をよく聞き取ろうとするとき、耳に手を当てて〝聞き耳を立てる〟ような仕草をすることがありますね。そのとき耳に当てた手のひらは集音器の役目をして、小さな音も聞きやすくなります。ネコは生まれつき耳介そのものがすぐれた集音器になっているわけで、耳介内の混み入ったヒダにも集音効果を高める役割があるといわれています。

さらに、ネコの耳には30もの細かな筋肉があり（人の耳は6つ）、これを駆使して、音がする方向へ瞬時に耳介を傾けたり回転させたりすることができます。そのため全方向、広範囲の音を拾うことができるのです。

飼い主さんたちは、ふだんから愛猫の耳がピクピクッとよく動き、ピンッと立てたり、片方ずついろいろな方向へ傾けたりしているのを見ていると思います。この耳の細かな動きによって、いちいち振り向いたりすることもなく音がする方向をとらえ、その音源となるものとの距離感までつかんでいるようなのです。

その聞き分ける能力については、動物学者らによってさまざまな実験が行われてきました。60フィート（約18・3m）離れたところで、18インチ（約45・7cm）離して鳴らした音の位置を正確に識別できたというデータもあります。このすぐれた聴力によって、ネコは単独でも名ハンターとして生き抜くことができたのです。

自宅に帰ってきたとき、愛猫が玄関に先回りしてお出迎えしてくれることがあると思います。これはネコが飼い主さんの足音やクルマの音を認識し、だれが来たか早いタイミングでわかっているからできることです。そんな人を癒してくれる行動にも、ネコの聴力はちゃんと活用されているようです。

マタタビにはつい「カラダが反応しちゃう!」

「ネコにマタタビ」といえば、大好物のたとえだったり、それを与えれば効果てきめんという意味で使われることばですね。

マタタビは、山地に自生するマタタビ科のツル性植物です。初夏には白い花が咲き、その後にどんぐりのような形の実をつけます。この実を乾燥させて粉にしたものがよく市販されているマタタビ粉です。最近はツメ研ぎ板に小袋に入ったマタタビ粉がオマケで付いてくることもあります。

ネコにマタタビのにおいを嗅がせると、頭をこすりつけたり、体をクネクネさせて転がったり、興奮したり恍惚状態になったりします。これはマタタビの中に含まれる「マタタビラクトン」と「アクチニジン」という成分がネコの脳を刺激して起こると考えられています。

ライオンやトラなど野生の大型ネコでも同じような反応を起こします。イヌや人ではこうした反応は起こらず、なぜネコ科動物が反応しやすいのか詳しくは解明されていないそうです。試しに人がマタタビ粉のにおいを嗅いでみても、乾燥した木の粉のようなにおいがするだけで何も感じないはずです。

「ネコにマタタビ」といっても反応には非常に個体差があり、少量でもすごく反応するネコもいれば、まったく興味を示さないネコもいます。わが家のネコで試しても反応はまちまちでしたが、この反応の個体差の理由もよくわかっていません。

マタタビは人間の麻薬とは異なり常習性はなく、またその効果も長続きはしません。少量であればストレス解消や食欲増進の効果が見られる場合があります。ただし使い過ぎには注意が必要です。私は直接そういう例を見たことはありませんが、まれに大量に使用すると呼吸困難を起こすこともあるらしいので、使用するときは耳かき一杯程度の量から試してみるのがいいと思います。

また、実をそのままあげるのは禁物です。マタタビの摂取量が増えてしまうだけでなく、なかにはそのまま実を丸飲みしてしまうネコもいます。乾燥したままの実を丸飲みしてしまうと胃や腸に詰まってしまい、場合によっては開腹手術が必要になることもあります。実際私の病院でも、嘔吐が止まらないとのことで来院されたネコちゃんが丸飲みしていたという例があります。幸いにも自分で吐き出してくれて大事には至りませんでしたが、実を直接あげるのはやめたほうがいいでしょう。

アメリカなどでは、マタタビと同様の使われ方をする「キャットニップ」（別名イヌハッカ）というものがあります。その精油には「ネペタラクトン」というネコを興奮させる物質が含まれており、これを利用したネコのおもちゃもよく売られています。

ご先祖は「いつから日本にいるのかな」

いま私たちが親しんでいるネコは、学術的には「イエネコ」という種類に分類されます。いわゆる日本ネコも、ペルシャネコもアメリカンショートヘアもすべて「イエネコ」に分類されます。

２００７年に科学雑誌「サイエンス」に掲載された論文では、イエネコのＤＮＡを調べた結果、イエネコたちの共通の祖先は現在アフリカに生息する「リビアヤマネコ」であると発表されました。

古代エジプト人がいまから約4000年前にこのリビアヤマネコを飼いならしたことが、現在のイエネコのルーツとなったと考えられています（ただし近年はネコの家畜可はもっと古い時代から行われていたとする説も浮上してきています）。

では、エジプトで家畜化されて人と暮らすようになったネコが、日本にやって来たのはいつ頃なのでしょうか。

これについては、中国から朝鮮半島を経由して仏教の経典が日本に伝えられた際に、経典をネズミの被害から守るために船に乗せられてきたのが、いまの日本ネコのルーツだという説が昔から有力です。

公式の仏教伝来は西暦552年（538年説もあり）とされていますから、6世紀半ばには日本にネコが渡来したということになります。しかし、この当時のネコに関する記録はどこにもなく、それ以前に中国との交流で渡ってきている可能性もあり、確かなことはわかっていません。

最初に日本の書物にネコの記述が登場するのは、宇多天皇（867～931）の日記です。漆黒の「唐猫」を父親から譲られた宇多天皇は、その容姿や動きの美しさを称賛し、ネコの習性やしぐさの特徴についても詳細に書き残しているそうです。

宇多天皇は相当なネコ好きだったようで、平安時代の西暦889年に書かれたこの日記は日本最初の〝愛猫日記〟であり、いまでは無数にあるネコ好きさんたちの〝愛猫ブログ〟のハシリといえるかもしれません。

この当時は大陸伝来の文化や文物が貴重なもので、ネコも大陸（唐）から来た「唐猫」と呼ばれて天皇家や貴族の間で大切に扱われていました。平安時代に書かれた『源氏物語』や『枕草子』にもネコの記述があり、当時すでに貴族の間ではネコが愛玩動物として可愛がられていたことがわかります。

記録が残っているという点ではこの宇多天皇の日記の時点が最初ですが、それよりも、仏教伝来のずっと以前からネコは日本にいなかったのだろうか、という疑問も生じると思います。

その思いを刺激する画期的な証拠が、近年、長崎県壱岐「カラカミ遺跡」で発掘されています。そこでは、獣や魚、ヘビなどの骨とともに、ネコの骨とされるものが発見され、年代測定の結果、いまから約2100年前の弥生時代のものであることがわかりました。つまり、紀元前の昔にすでに、ネコは日本にいたらしいということです。

ただこれも学説として固まるには時間がかかりそうで、また新たに新説となる証拠がどこかで発見される可能性もあります。

ネコはいつから日本にいるのか？　これはナゾとして、まだしばらく自由に想像をめぐらす余地がありそうです。現在、日本だけでも一千万匹以上いるイエネコから奇跡のようなご縁で結ばれたネコが、いまあなたのそばにいるネコなのです。どうぞ大切にしてあげてくださいね。

「尾曲がり」は幸運をよぶ幸せのネコ！

江戸時代に描かれた浮世絵には、よくネコの姿が登場します。大のネコ好きで知られた歌川国芳の絵や歌川広重の絵などは目にしたことがある方も多いでしょう。

浮世絵に登場するネコに特徴的なのは、大半のネコのしっぽが丸く短いことです。いまでいうボブテイルで、お尻にポンポンを付けただけのような、ウサギみたいな丸い尾をしているのです。

しっぽが途中で曲がっているネコはときどき見ますが、ポンポンのような丸く巻いたしっぽは珍しく、最近は野良ネコでもあまり見かけません。江戸時代にはなぜこんなに多く丸い尾のネコがいたのでしょうか。

じつは江戸時代には、ネコが年を取るとしっぽが二股に分かれた「猫又」という妖怪に化けるという言い伝えが広まっていました。迷信とはいえ、「猫又」は妖術を使い人肉を喰らうというので人々に怖れられていました。

そこで江戸時代の庶民はしっぽの短い「尾曲がり」のネコを好んで飼うようになったのだそうです。ただ、そんなに「尾曲がり」のネコばかりいたわけではありませんから、なかには「猫又」に化けないようにと子ネコのうちにしっぽを切ってしまう（断尾）ことも多かったようです。

「尾曲がり」とは、丸い尾だけでなくしっぽが途中で曲がっているものも含めてさすことばですが、欧米ではいずれも非常に珍しいそうです。

野良ネコを対象に、尾がまっすぐなネコと「尾曲がり」がどの程度の割合で存在するか調査した研究結果があります。それによると、ヨーロッパやインド、アフリカには「尾曲がり」はほとんど存在せず、対照的に、東南アジアでは「尾曲がり」の比率が非常に高かったということです。

つまり日本にとくに多いというより、アジアにルーツを持つネコに多く見られるということ。日本ネコも中国からやってきたネコがルーツですから、もともと一定の割合で「尾曲がり」のネコが分布していたのだと考えられます。

ヨーロッパではその希少性から、「尾曲がり」のネコは幸運をカギ尾で引っ掛けて運んでくる「幸せのネコ」と呼ばれ、珍重されてきたそうです。

また日本の丸い尾のネコは「ジャパニーズ・ボブテイル」として多くの血統登録団体で品種登録され、アメリカではいまや人気の品種となっています。

なにして
あそぼっかな、
ボクにウケる
こと考えてみて

ヒマつぶしには
やっぱこれだニャー

第3章
もっと！
ネコのがまんを知る

抱っこしたいなら「もっと上手に抱いて」

「うちのネコは抱っこをいやがる」という飼い主さんがたまにいらっしゃいます。

ネコには、抱っこされるのが平気なタイプと、抱っこが苦手なタイプがいます。これは子ネコのときに母親や兄弟たちと十分な時間を過ごしたかどうかも影響するようです。

　母ネコに体を寄せ合って押しくらまんじゅうのようにしてオッパイを飲んだり、密着してお互いの体温を感じながら眠ったり、体をぶつけあいながらたくさん遊んで育ったネコは、おおむね人とふれ合うことも好きなネコになります。

　そうした時間を十分に持てずに飼い主さんのもとへきたネコだと、スキンシップをあまり好まず、ベタベタされるのを嫌うネコになる傾向があるといわれています。

　ただ、ネコはもともと抱っこされるのはあまり好きじゃないのです。というより、動物はみな体を束縛されたり押さえつけられるのは嫌いなのです。

　抱っこされると、体を押さえられ、すぐには動くことのできない状態になります。

ネコがこれを受け入れるのは、心から信頼できる特別な人、つまり飼い主さんが相手だからです。

いくら人なつこいネコでも、飼い主さんやその家族以外の人には、ずっと抱っこされていることは少ないでしょう。家に遊びにきた客が抱っこしたがると、義理なのか空気を読んでいるのか、10～30秒くらいは抱っこさせても、すぐに逃げ出してしまいます。

また、飼い主さんを母親的な存在と感じて、ずっと甘えの感情を持ち続ける「ネコと飼い主の関係」の特殊性もあります。ネコは飼い主さんへ絶対的な信頼をおき、飼い主さんは、わが子のように腕の中に愛猫の温かい体を抱いて、ほかでは味わえない幸福感に浸ることができます。

やさしい飼い主さんなのに抱っこをいやがられる場合、抱っこの仕方に問題があることがあります。「抱っこしたいならもっと上手に抱いてよ」とネコが感じているパターンです。

男性や子どもに多いのですが、前足を持って持ち上げようとしたり、お腹だけ持って抱え上げようとすると、ネコは不安を感じて逃げたくなってしまいます。抱っこしたいときは、両腕の下（胸）を両手ですくうように持ち上げたらすぐに腰を下から支えてやり、腕で下半身を包み込むように抱くと安定しやすいでしょう。

かわいいからとギュッと抱きしめたり頬ずりするのは、ほとんどのネコが苦手ですから控えましょう。抱き上げた後も強く圧迫しないよう注意し、ネコがゆったりと全体重を預けられるよう支えてあげることです。

小さい子どもに「おもちゃ代わりに扱われます」

ネコの敵と昔から言われてきたもののひとつに、「やんちゃな子ども」があります。たしかに、2～7才くらいまでの遊びざかりの子どもは、見ているとネコへの接し方もちょっと乱暴なことが多いです。

大人と違って、自由気まま、好き勝手に接しているということなのでしょうけれど、ネコにとってはこれが悩みのひとつになっているかもしれません。例としてあげると、

耳やしっぽを引っ張る。

またがって乗ろうとする。

アタシ、何かされてる？

やれやれ やっと 帰ったニャ

ヒゲをツンツン引っ張る。
鼻をギュッとつまむ。
マクラ代わりにして寝ようとする。
前足を握って放さない。
肉球をつかむ、かじる。
両前足を持ってぶら下げる。
用もなく何度も名前を呼ぶ。
……などなど。

大人だったらとてもできないこと、と言うか、やってしまったらネコパンチをくらったり引っかかれそうなことを、平気でやってしまうのが「やんちゃな子ども」たちです。

ネコとしてみれば「やってほしくないこと」ばかりでしょうけれど、子どもがこんなことをしても、不思議なことにネコはあまり怒ったりしないものです。

子どもが遊びでしていることだから大目にみている（？）のか、パンチで抵抗するには弱そうな相手に見えるのか、よほどのことがない限り、反撃したりかみついたりすることはないです（もちろん個体差はあるので十分注意してくださいね）。

ただ、こうした「やんちゃ行動」を目にしたら、それこそ大人がちゃんと子どもに注意をしてほしいと思います。

ネコはおもちゃでも、ぬいぐるみでもなく、大切な生きものであること。人と同じように痛いとか、悲しい、楽しいという感情を持っているのだから、やさしく接してあげるよう、やんちゃな諸君にも教えてあげてほしいと思います。

首輪の鈴の音が「ずっと頭で鳴っています」

鈴が付いた首輪をしているネコは、動くたびにチリチリンと音を立ててかわいいものです。しかし、この鈴、一日中動くたびに鳴るわけです。

小さな音とはいえ、首のところで鳴るのですから耳に響かないわけがありません。非常に敏感な聴覚を持つネコにとっては、ストレスにならないほうがおかしいのではないかな、と私は感じます。

子ネコのうちからずっと鈴を付けている場合は、音に慣れてしまうということはあるでしょう。常に鳴っているわけですから「環境音」のように気にしなくなるか、聞こえていても脳の知覚のほうで「不必要な音」として排除している可能性もあります。日中ずっと機械の騒音がする町工場などで育ったネコは、いちいち騒音に反応しなくなり、すごい騒音のなかで平気で昼寝しているということがあります。

大人のネコになってから初めて鈴を付けるという場合は、かなりストレスになることを想定したほうがいいです。老ネコにも鈴は迷惑ではないかと思います。

ただ、何才であろうが、まったく気にせず鈴を鳴らして元気に暮らすネコもたくさんいますから、気にするかどうかは個体差もあると思います。

鈴付きの首輪をしても平気ですか？　とたずねられたときは、基本的にはおすすめしません。鈴を付けるのはもともと「ネコの居場所がわかるようにする」という人間側の都合です。「どうしてもそういう必要がある」という場合を除いて、あえて鈴付きの首輪を選ぶ必要はないと思います。

必要がある場合とは、たとえば、やんちゃな子ネコで至るところへ潜り込んでしまい、出られなくなったり所在不明になったりする可能性があるとき。また、飼い主さんが高齢などで、食事のときなどネコを探しにいくのが大変な場合です。

狩猟動物のネコにとって、鈴で〝自分の存在を知らせる音〟を立てながら行動するのは自然に反しています。ネコは音を立てずにそっと獲物を狙う「忍び寄り型」の狩りの名人です。

その資格を失うようなものですから、やはり鈴を付けるのはなるべく避けていただくのがいいと思います。

また、鈴を飲み込んでしまう事故も実際にありました。取り出すには開腹手術をしなければなりません。そんなかなしい事故を防ぐためにも、鈴はつけない方が猫にウケると思います。

お尻がちょっと「かゆいのです」

愛猫が床にお尻をこすりつけて動いている姿を見たことはありますか？

トイレの後だったりとすると、便の切れが悪くてやっているらしく、動いた後の床にくっきりひと筋の線が残っていることがあります。フローリングの床がまるでトイレットペーパー代わり（？）です。

そのときのポーズは、お尻を落として後ろ足を前に投げ出し、前足だけで前方へ移動するのでけっこう情けない格好になります。

軟便などで便の切れが悪いだけなら、便通が改善すればこのポーズをしなくなりますが、いかにもお尻がかゆそうにして床にこすりつけることもあります。

この場合は、お尻の「肛門嚢《こうもんのう》」という部分に違和感を感じていることが多いです。お尻の穴の周りに分泌物がたまってしまうことからくる症状で、高齢のネコに多く見られます。

肛門嚢は、肛門を時計の中心とすると4時と8時の方向に2つある袋状のものです。この中には「肛門腺」と呼ばれる分泌腺が存在しています。「肛門腺」からは自分のなわばりを示すときや危険を感じた際に強いにおいの液体が分泌されます。

肛門嚢は細い管で肛門につながっていて、高齢になるとこの管に分泌物が詰まりやすくなります。万が一詰まると液体の出口が塞がってしまい、肛門嚢が破裂してしまうことがあります。

肛門嚢に分泌物がたまりがちなネコは、肛門周辺がむずがゆくなるようで、床や家具などにお尻をこすりつけることがあります。高齢ネコで、先にふれたお尻こすりつけのポーズがたびたび見られるようになったら動物病院で診てもらったほうがいいでしょう。たまった分泌物を絞って出す処置をしてくれます。

肛門腺の絞り方はコツがわかれば飼い主さんでもできるので、高齢期のネコの飼い主さんは覚えておくといいと思います。

放っておくと「お腹に毛玉がたまります」

毛づくろいはネコの大事な日課で、いわば楽しみでもあります。

体を念入りになめて自分のにおいを付けていると、気分が落ち着き、リラックスできるのです。何かドジをしてしまったときも、ちょっと毛づくろいをすればすぐに気を取り直せます。

被毛もきれいになるし、いいことばかりの毛づくろいですが、唯一の悩みというか問題は、なめているうちに抜けた毛をいつの間にか飲み込んでいることです。

1日に何度も毛づくろいをすることもあるので、飲み込む毛の量は2、3か月もするとかなりの量になります。

これを放っておくと、お腹にどんどんたまり、毛玉（ヘアボール）ができてしまうことがあります。普通は、これを吐いたり、うんちで少しずつ出したりして減らしていくのですが、胃にとどまって毛玉が大きくなり、吐くことも排便で出すこともできなくなった状態を「毛球症」といいます。

症状としては、吐こうとして吐けない仕草が増えたり、食欲不振、便秘、お腹をさわられるのをいやがる、などがあります。

治療には、毛球除去剤をなめさせて体外へ排出させる方法がありますが、重症の場合は、開腹手術で固まった毛玉を取り出さねばならないこともあります。

好きな毛づくろいでお腹の病気になるなんて可哀想ですよね。そう思う飼い主さんは、ふだんから予防に努めてあげましょう。

たとえばブラッシングをまめに行うことで、毛づくろいのときに抜けて飲み込んでしまう毛の量を減らすことができます。

いわゆる「猫草」（キャットグラス）を置いてみるのもいいです。これは主にえん麦などのイネ科の植物で、食べるというより、ちくちくした葉が消化器管を刺激し、嘔吐反応が起きて毛玉を吐き出しやすくなるために口に入れるようです。「猫草」は花屋さんやペットショップでも売っていますが、ハムスターやウサギの餌として安く売っているえん麦を買って、自宅で栽培して使う方法もあります。

「猫草」を食べないネコもいますが、エノコログサ（別名ネコジャラシ）もイネ科です。これを与えると、じゃれついてさんざん遊んだあと茎や穂を食べて、しばらくすると、くしゃくしゃの残骸と一緒に毛玉を吐き出すことがあります。ただし空き地や農地に生えているものは除草剤や農薬がかかっていることがあるので、摘んできてネコに与えるのは避けてください。

外が見えない窓って「楽しくないです」

家の中には、ネコがよくそこで過ごすお気に入りの部屋があると思います。

リビングや台所、子ども部屋などいろいろだと思いますが、そこは窓があって外がよく見える部屋ではないでしょうか。

ネコはほとんどの時間をひとりで過ごしていますから、寝ている、食べている、毛づくろいしている、（飼い主さんと）遊んでいる、という以外の時間はほとんど何もすることがないのです。

　何もせず、それでも退屈しないでいるためには、きっと（変化のある）窓の外の風景を眺めているのがいいのです。２階の窓際や、リビングの出窓など、眺めや見通しのいい場所はきっとネコの定位置になっていると思います。

　窓の外にはどんなものが見えているか。人が通ったり、木々が風に揺れていたり、雲が流れたり、通学の子どもたちがこっちを見ていたり、小鳥が枝に止まったり、散歩中のイヌがこっちをにらんだり……。

　一見なんの変わりもないようでも、外では始終小さな変化が起きています。

それを窓から映像のように見ることができるので、ネコも退屈しないのではないかと想像できます。もっとも、ネコの視力は人間でいうとせいぜい０・３くらいといわれ、色では赤系の色は認識しないとされているので、ネコの目にどんな風景として映っているのかはわかりません。

　それでも、外の世界はいつも何かしら動いて変化しているので、窓から何も見えない部屋にいるよりは、ずっと刺激的なはずです。実際、小鳥が近くにやってくるのが見えると興奮して、カカカ鳴き（下あごを震わせるような興奮したときの鳴き方）を

あー、あんなものまで見えてる
外が見えるのはいいニャー

したり、近所の野良ネコが歩いてくるのが見えると、（相手は遠くでも）立ち上がって身構えたりすることがあります。

安全な代わりに狩りもできない室内暮らしですが、窓外の風景があれば、たまに刺激を受けたり、ちょっと楽しい思いをしたりできるはず。窓はネコにとって唯一外の世界に開かれた場所といってもいいでしょう。

ところがこれを、飼い主さんがブラインドやカーテン、窓に貼るスクリーンなどで覆ってしまうことがあります。外から室内が見えないようにという配慮なのですが、ネコにとっては、せっかくの窓がとたんに「楽しくない」ものになってしまいます。

ネコのお気に入りの場所は、できればそっとしておいてほしいと思います。

タバコの煙は「やっぱりつらいのです」

飼い主さんの中には、タバコを吸われる方もいらっしゃると思います。

タバコを吸わない人への受動喫煙の害については、さまざまな情報が公開されていますが、同居する愛猫にタバコはどんな影響があるか、考えたことはあるでしょうか。

ネコを飼っている愛煙家にはちょっと怖いデータがあります。

2002年にアメリカの学術誌に発表された論文には、次のような調査結果が報告されていました。

——飼い主さんがタバコを吸う家庭のネコと、タバコを吸わない家庭のネコで比較すると、吸う家庭のネコは、リンパ腫になってしまう確率が2・4倍も高かった。

——タバコを5年以上吸っている、1日に1箱以上吸う、家族で2人以上吸う、という条件に当てはまると、さらに確率が上昇する。

リンパ腫とはネコがかかりやすい悪性腫瘍（がん）のひとつで、死に至ることも多い怖い病気です。タバコとの関連性が強いとなると、愛煙家にとってはショッキングな内容ではないでしょうか。

この原因として考えられることは、ネコは副流煙を吸い込んでしまうだけでなく、被毛についた煙の粒子を、毛づくろいのときに全部なめ取ってしまうことが指摘されています。

人間でもタバコの煙が充満した部屋にいるだけで、髪の毛ににおいがこびりついてしまいます。全身が毛でおおわれたネコは、体中に煙の粒子をくっつけてしまい、しかもそれを全部飲み込んでしまうということなのです。

人はタバコの煙が体についてもシャワーで洗い流せますが、ネコは毎日シャワーを浴びるわけにはいきません。ネコはタバコのにおいをいやがる素振りをあまり見せませんが、タバコの煙は「やっぱりつらい」のです。

スモーカーの飼い主さんは、できれば禁煙するのがベターだと思いますが、せめて、ネコのいる部屋ではタバコを吸わないとか、喫煙場所を決めて、そこには絶対ネコを入れないようにするなどの配慮は必要かと思います。

お部屋のアロマが「危険な香りです！」

仕事から帰って、ゆっくりくつろぎたいとき、アロマオイルを焚いて癒しのひとときを過ごす、という方もいらっしゃるでしょう。
アロマの香りに包まれてネコとリラックスタイムを過ごしたい、と考えている方もいるかもしれません。
しかし、これはやめてください。ネコにとってアロマは安全なものばかりではありません。

人に心地よい感覚をもたらすものでも、ネコには「危険な香り」かもしれないのです。

意外に知られていませんが、ネコにとってアロマテラピーに使われる精油（エッセンシャルオイル）は毒にもなりかねない危険性があります。実際、精油をなめたネコが死亡した例も報告されています。

アロマオイルやアロマテラピーのすべてが危険というわけではありませんが、ネコにとって安全性が確認できていないものが多いのです。一般的なものでとくにネコに危険なアロマとしては「ティーツリーオイル」があります。これは強い毒性があるので要注意です。

通常、精油の取り扱いの注意として、「誤って皮膚や粘膜に付着させないこと」「口にしてはいけない」ということは書いてあります。つまり人間にも強い作用を起こす成分を含んでおり、精油を飲んでしまうと人間でも最悪死に至る可能性があるといわれています。しかし、「ネコがいる部屋ではアロマオイルを焚かないようように」と注意を促す情報はまだ少ないようです。

アロマの危険性を知らずに使っているうちに、ネコの体に異変が起こってしまったら大変です。毎日アロマオイルを焚いていた飼い主さんと暮らすネコが、血液検査をしたところ肝臓の機能を示す数値が異常に高かったという例もあります。

なぜ人やイヌよりもネコにとってアロマが危険なのでしょうか。

アロマの精油は、１００％天然植物由来のオイルで、特定の植物から抽出された成分を非常に濃縮して作られています。植物は体にやさしいと思いがちですが、精油は作用も強力で、毒性を持つものもあります。

一方ネコは、完全な肉食動物です。肉のほか野菜や穀物も食べる人やイヌとは肝臓の機能が異なっています。ネコは本来植物を食べないため、特定の植物が持つ毒性に対し、肝臓による解毒作用が働かないのです。

つまり、人やイヌには無害なものでも、ネコには毒性のあるものが植物には多いのです。ユリ科の植物や、ネギ類、サトイモ科の植物などはネコに対して毒性があり、食べさせてはいけないものの代表です。

ネコの体は人とは違うことをよく認識し、まずはアロマの使用を控えてくださいね。

マンションでの「真夏の留守番はきびしいです」

もともとネコの先祖は気温の高い乾燥地帯の出身なので、人やイヌよりは暑さに耐性があり、熱中症にもなりにくいといわれています。しかし暑さが続くと注意が必要です。とくにここ数年続く真夏の猛暑では熱中症のリスクが高まってきています。

とくに密閉されたマンションで夏場にネコだけで留守番をさせるときは、十分注意してください。日当りのよい部屋だと室温が40℃近くになることもあり、ほかに逃げ場がないようだと熱中症の危険が高まります。

ネコは人のように汗をかかないため、体温をうまく下げることが苦手です。飼い主さんの留守中はマンション上階の部屋でも窓を閉めていくでしょうから、換気も悪いため、ネコにとって「真夏の留守番はきびしい」という状況になりやすいです。

ネコは体温が41℃を超えると体内の機能が正常に働かなくなり、危険な状態になってしまいます。もし、次にあげる症状のうちひとつでも観察されたら、すぐに動物病院へ連れていってください。

①息が荒くなり口をあけて舌を出し「ハッハッ」している。
②体がいつもより熱い（耳をさわるとわかりやすいです）。
③ぐったりしていて周囲の呼びかけに反応が弱い。
④けいれんを起こしている。

ネコの体を動かすのも危ないような緊急の状況であれば、即刻かかりつけの獣医さんに電話して、応急処置の方法（体を氷で冷やすなど）を聞くことも必要です。

こうした状況にならないように、真夏に留守番させるときは、エアコンを入れたまま外出することも考えてください。その際、室温設定は27〜28℃程度で、ドライ機能だけの運転でもいいです。体が冷えすぎた時に体温調節できるよう、エアコンが入っていない部屋に、ネコが自由に出入りできるようにするとなおよいでしょう。

どうしても「腎臓病になりやすいのです」

ネコは泌尿器系の病気にかかりやすく、とくに腎臓病になることが多い動物です。

私がこれまで診察してきたなかでも、「ネコちゃんは腎臓病に陥りやすい」という印象が強くあります。統計的に見ても14才以上のネコのうち約20％のネコが腎臓病であるというデータもあります。

腎臓は体の中の老廃物を尿として外に排泄する器官で、体の中の「下水処理工場」といえるかもしれません。老廃物を排泄するには腎臓の中の「ネフロン」という構造物を使って行います。

このネフロンは大きく分けて「糸球体」と「尿細管」の2つの構造物からできています。糸球体は老廃物をろ過する部分。尿細管はろ過した液体（原尿と呼びます）から水分やミネラルなど体にとって必要なものをもう一度取り込む働きをしています。「体重あたりの腎臓の大きさ」を比較してみると、ネコは腎臓が大きな生きものです。しかし、このネフロンの数が少ないことがわかっています。

これが〝ネコが腎臓病に陥りやすい理由〟のひとつとして考えられます。腎臓の体積あたりのネフロンの数を動物の種類ごとに計算をしてみると、次のようになります。

人を100とすると

ブタ：120

イヌ：66

ネコ：50
ネコの腎臓の体積あたりのネフロンの数は、人の半分程度しかないことがわかります。もしかすると、ネコの腎臓の予備能力は低いのかもしれません。

ふたつめの理由はこのネフロンの構造です。これに関しては少し専門的な内容になってしまうので簡単に書きますが、ひとついえることは、尿管結石や尿道結石など尿路が閉塞してしまう病気になってしまうと、腎臓にダメージが出やすい構造になっているということです。とくにオスは尿道が閉塞しやすいので要注意です。

最後の理由が脂肪です。

ネコの尿細管の細胞の中にはたくさんの脂肪が入り込んでいます。なぜ脂肪がたくさん入り込んでいるかはまだ解明されていません。ひとつの説として、「この脂肪が腎臓の働きを弱めてしまっている」とする研究者もいます。単純にこれらの要素だけが〝ネコが腎臓病に陥りやすい理由〟というわけではないかもしれませんが、ネコの腎臓の特徴といえるでしょう。

腎臓病の予防はこれという決め手はなく、定期的な健診によって体調の変化を見逃さないようにすることが大事です。

ふだんの観察では、「おしっこの量が増えてきた」「水をたくさん飲むようになった」といった変化が見られたら、腎臓病を疑ってみる必要があります。気になったら早めに獣医師の診察を受けるようにしてください。

できれば「歯みがきをしてほしいです」

「ネコにも歯みがきをしましょう」という話をすると、「かみつかれるかも」とか「絶対あばれそう」という飼い主さんの反応は多いです。

でも、ネコが歯みがきをいやがると決めつけないでほしいのです。少しずつ、根気よく慣れさせていけば、歯みがきもちゃんと習慣化できることが多いのです。

人間同様、飼いネコの世界も高齢化が進み、長生きするネコが増えました。年を取ると、がん、糖尿病などの病気が増えてくるのは人もネコも同じ。そして加齢とともに歯肉炎や歯周病になりやすいのも同じなのです。愛猫を長生きさせたいと願うなら、口中の健康を維持するためにも歯みがきは必須といえます。

現在の飼いネコの食生活では、歯みがきをしないと歯の表面に歯垢がたまりやすくなります。この歯垢が唾液中のミネラル分と合わさると歯石となって歯に付着します。

歯石を放置しておくと歯肉炎や歯周病になりやすく、ついには歯槽膿漏になって歯が抜けてしまうこともあります。放っておくとこうなる怖れがあっても、ネコは自分で歯みがきできませんから、もしも事情を知ったら「歯みがきをしてほしい」と飼い主さんにお願いしたいくらいかもしれません。

歯周病が怖いのは、歯や口内にとどまらず全身の問題につながるからです。

歯石中に存在する細菌は毎日歯ぐきの中へ侵入していき、それが全身に回ってしまう可能性があります。口内の細菌が血液に乗って、心臓や腎臓に炎症を引き起こすこともあるのです。心臓や腎臓は一度ダメージを受けると再生できない臓器といわれています。

だから、口の中の清潔を保つことは、心臓や腎臓の機能を長く保つことにつながり、それはネコを長生きさせる秘訣のひとつであると思います。

●ネコの歯みがきの方法

歯みがきには、まずネコ用の歯ブラシとネコ用歯みがき剤を用意します。ペットシヨップや動物病院で入手できますが、近くにない場合は、ブラシは人の赤ちゃん用歯ブラシでも代用できます（大人用はヘッドが大きすぎ、ブラシも固すぎます）。基本的な歯みがきのやり方を次にあげておきます。

①初めてやるときは、ネコがリラックスしているとき、口をさわらせてもらうことから始めます。いきなり口を開けさせようとせず、徐々に指に慣れさせましょう。

②口を開けて指で歯をさわっても大丈夫になったら、ブラシを使って、切歯（前歯）や犬歯をブラッシングして様子を見ます。いやがるようならそこでやめて、また別の日に続きをトライします。

③ブラシに抵抗するときは、指ガーゼ（指にガーゼを巻いたもの）で歯の表面をこするだけでもいいです。歯みがき剤の液を含ませたティッシュタイプのネコ用歯みがきも市販されています。

④徐々にブラシに慣れてきたら、少しずつ時間を増やして切歯、犬歯、臼歯（奥歯）を順にブラッシングします。ブラシの角度は約45度で歯と歯茎の間にたまった歯垢をかき出すイメージで磨きます。最も歯石がたまりやすいのは上アゴの臼歯なので、そこを重点的に磨いてあげてください。

最初は週1、2回から始めて、最終的には1日1回歯みがきができるようになると理想的です。はじめからうまくはいきませんから、気長に、根気よく続けることです。やさしく声をかけながらやってみてくださいね。

なお子ネコの場合は、永久歯が生えそろう生後6～7か月頃までに歯みがきに慣れさせると、成功しやすくなります。

避妊手術をしていないと……「発情期がツライです」

メスのネコを飼っていて、「いつかは子どもを産ませてあげたい」と考えて避妊手術をせずに育てているケースがあると思います。

しかし、オスとお見合いしてもうまくいかず、何度か発情期を迎えているのになかなか妊娠の機会が得られず、1年、2年と経ってしまうことがあります。

経験のある方はわかると思いますが、メスの発情期のアピール行動はなかなか激しく、見ているとこっちがつらくなるほどです。

発情期に入ると、飼い主さんにやたらと体をこすりつけるようになり、床をクネクネと転げ回ったり、ナオーン、ニャオーンというふだんとは違う悩ましい声で鳴き始めたりします。食欲が落ちるのか、あまりごはんを食べなくなるメスもいます。

そして日に何度も人の前で〝受け入れのポーズ〟をして見せるようになります。

これは交合の挿入体勢OKのポーズで、四つん這いで下半身をふるわせ、しっぽを横によけて陰部をさらしながら、お尻を持ち上げ、せがむように足踏みします。

目の前でこれをやられると、飼い主さんは切ないような恥ずかしいような、可哀想な気分になってしまいます。しかし、近くにオスがいなければ（発情フェロモンを嗅ぎつけて野良ネコがやってくることはあります）、人はどうすることもできません。

発情期に入ると周期的にこのような状態が何回かくり返されます。妊娠する機会が持てないなら、やはり避妊手術を受けさせるべきかと悩みが生じるのがこんなときでしょう。ネコ自身にしても、何度発情をくり返しても本能の欲求が満たされないと「つらい気持ち」になるのではないかと想像してしまいます。

避妊手術を受けないのであれば、計画的に妊娠時期を決め、よいお見合い相手を探す努力が必要だと思います。

いずれにしても、メスの出産や避妊手術をどうするかは、かかりつけの動物病院とも相談して、なるべく計画性を持って決めてほしいと思います。

お風呂に入るのは「好きじゃないのに」

ネコは体が水に濡れるのが苦手で、野良ネコでさえ水たまりを見ると遠回りして乾いた地面を探すほどです。

ネコの先祖であるリビアヤマネコは砂漠の乾燥地帯で暮らし、水にふれる機会がほとんどなかったことが、ネコの水嫌いの原因のひとつと考えられています。

ネコが水を苦手とするもうひとつの理由として、ネコの毛は密度が濃くふわふわしており、毛に含まれる脂分が比較的少ないということがあります。

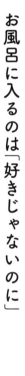

イヌの被毛は脂分が多いため水をはじき、水浴び後も全身を震わせて水切りができるし乾きも早いのです。しかしネコの被毛は水をはじきにくく、濡れると毛全体がべったり体に張り付いてしまいます。乾くのにも時間がかかります。水が苦手でお風呂も嫌いとされるのはそうした理由もあるようです。

ちなみに、短毛種であれば、被毛や皮膚の清潔は毛づくろいで十分保たれ、ときどきブラッシングをする程度で（毛の生え変わる換毛期はまめに）、あとは一生お風呂に入れなくても大丈夫です。どうしても気になるという人は、年に1〜2回、ネコ用シャンプーで洗ってあげてください。

ただし、ロングヘアーのネコは別です。ペルシャなどの長毛種は、ふだん自分で毛づくろいをしても舌が皮膚に届きにくいため、自分自身で皮膚のお手入れができません。定期的にシャンプーをしてあげると皮膚や被毛を健康的に保つことができるでしょう。

子ネコのときから水に慣れさせる訓練をして、愛猫を定期的にお風呂に入れている飼い主さんもいます。好き嫌いと関係なく、根気強く慣れさせることでそういうことも可能です。

たとえばキャットショーに出展される純血種のネコたちは、子ネコのときからシャンプーに慣れており、ショーの前日には必ずシャンプーとリンスをされて、ツヤツヤきらきらの被毛で審査を受けています。

とはいえ、そうした美ネコに憧れて、一般の飼い主さんが「うちのネコちゃんをもっときれいにしたい」とシャンプーを習慣化しようとするのは考えものです。なにより本来が「お風呂は好きじゃない」のです。

ただ、なかには最初からお風呂を苦にせず、好きになるネコもいますから、ネコちゃんとよく相談して決めてくださいね。

ワンちゃんと一緒の動物病院には「行きたくない」

病気を発症したときだけでなく、定期的な健康診断の受診や、病気予防の健康相談のために動物病院を利用する飼い主さんたちが増えてきました。

愛猫の健康管理への意識が高まってきたことの表れでしょうし、これは獣医師としては大変嬉しいことです。

でも、ネコちゃんたち自身はどうなのでしょうか。

相変わらず、「病院は怖いニャー」「行きたくないニャ」と思って通院をストレスに感じているのでしょうか。

ネコは自分のなわばりの外へ出るだけで不安を感じ、大きなストレスを受けるといわれます。まして、ほかの知らないネコや、大型犬までいる場所へ連れ出されるとしたら、かなりの緊張を強いられることと思います。

じつは、私がネコ専門の当病院（「東京猫医療センター」）を設立しようと考えた原点もそこにあります。

「診察を受けにくるネコちゃんの不安と緊張を、できるだけ和らげてあげられる病院」

「そこに通うことが苦にならず、ネコちゃんが待合室でもリラックスしていられる病院」

そういう病院であれば、ネコちゃんも飼い主さんも不要なストレスを受けることなく、安心して受診できるのではないか。獣医師と患者さんの信頼関係も結びやすく、より理想に近い医療を行えるのではないか――。

そうした考えがいっそうはっきりと固まり、実現に向けて動き出すきっかけとなったのは、アメリカ・テキサス州のネコ専門病院「Alamo Feline Health Clinic」にて、ネコ専門医療の研修プログラムを受けたことでした。

ペット先進国であるアメリカやイギリスは、動物の医療・動物病院に関しても先進国です。そこで最新の医療を学びながら、私が思い描いていたネコの専門病院は日本でも実現できるし、日本でやるべきだと思ったのです。

当病院は2012年に開設し、いまでは全国から患者さんが来院されるようになりました。ネコ専門に特化したことで、「ワンちゃんと一緒の病院には行きたくない」というネコちゃんも、不安なく来院できると思います。待合室を1階、診察室を2階に分けたことで、診察中の他のネコちゃんの緊張した様子が、待っているネコちゃんたちに伝わることもないと思います。まだまだ理想とはいきませんが、ネコちゃんの健康と長生きのために最大限できることを、飼い主さんと一緒に考えていく病院です。

もちろん当病院以外でも、ネコちゃんと飼い主さんのストレス軽減に努める動物病院は増えてきています。最近の工夫としては、

①イヌとネコの待合室を分けている。

②イヌとネコの入院室を分けている。

③キャットアワーといってネコ専門の診察時間（この時間帯はイヌの診察をせずにネコだけの時間です）を設けてある。

などネコにやさしい動物病院づくりが進んでいます。またISFM（International Society Of Feline Medicine：国際猫医学会）という団体が「キャットフレンドリークリニック」と題してネコにやさしい動物病院の基準作りとその認定を行っています。

国際基準の規格の達成度に応じて「ゴールドレベル」と「シルバーレベル」を認定しており、現在日本ではゴールドが69病院、シルバーが28病院認定されています（2016年11月現在）。

動物病院を選ぶ際のひとつの目安として参考にしてはいかがでしょうか。

ネコとあなたの
やさしい時間を
大切に

第4章 もっと！ネコのココロと体を知る

いとしの肉球こそお忍び行動のカギ

柔らかくしなやかで、あったかくてほわほわ。そんなネコの体のなかで、いちばんどこが好きかという質問に、必ず上位にくるのが「肉球」でしょう。

肉球は、英語でパッド（ｐａｄ）と呼ぶようにクッション性のある足の裏で、毛が生えていないのでさわるとしっとりスベスベしています。この肉球にふれながら、プヨプヨと弾力をたしかめたりするのが好きという飼い主さんは大変多いようです。

肉球にはわずかながら汗腺があり、ときどきしっとりしているのは分泌される汗のため。これが行動するときは滑り止めの役目を果たし、マーキング（なわばりを示すためのにおい付け行動）にも利用されます。

ネコの敏捷な動きやジャンプの能力には驚かされることが多いですが、室内を音も立てずに移動し、高所へとジャンプして音もなく着地するのはネコ族ならではの特技。イヌにも同じような肉球がありますが、皮膚が固めでツメが出たまま（ネコは出し入れ自由）なので、フローリングの床などでは必ず足音を立ててしまいます。

あなたのおうちのネコも、いつの間にかそばに寄ってきていたり、気づかないうちに部屋に入ってきて足元で丸まっていた、ということがあるのではないでしょうか。足音を忍ばせて、というより気配さえ消して、そっと行動できるのがネコなのです。なにも飼い主さんに対してまで気配を消す必要はないだろうに、と思いますが、これはじつはネコが単独で行動する「狩りの名人」という証明でもあるのです。

ネコはネズミなどの獲物の所在を感知すると、体勢を低くして、気配を消し、じわりじわりと音もなく忍び寄ります。飛びかかれる距離まできたら、機を見て一気に襲いかかり、一撃必殺で仕留めます。こうした、生きるための狩り（いまはほとんど必要ありませんけど）にこそ、音を吸収する肉球が大いに役立つのです。

忍び寄り・待ち伏せ型の名ハンターであるネコ。その体は人の手でなでるのにちょうどいい大きさとしなやかさですが、機能性のかたまりです。かわいいパーツの肉球も、ちゃんと理由があってぷにぷにしているんですね。このように、ネコの体の特徴を知っておくと、愛猫のさまざまな行動や身体表現の理解を助け、人はいっそうネコの気持ちに寄り添うことができるようになると思います。

おヒゲは大事な高感度センサー

毎朝、寝ている飼い主を起こそうと、枕元で顔をすり寄せてくるネコがいますね。のどをグルグル鳴らせて、「オナカへった、おきてよ」と主張したりしますが、飼い主のあなたは、そのグルグル音よりも、顔にあたるヒゲがくすぐったくて目を覚ますことが多いのではないでしょうか。

ネコのヒゲは、口の周り、ほほ、目の上に生えていて、根元は太いのに先端は非常に繊細。しかも、本数は少ないながら絶妙のバランスで顔の周りをおおっています。

毛根の周りには知覚神経がたくさんあり、ヒゲの先端が何かにふれると、情報が瞬時に脳に伝わるようになっています。「感覚毛」とも呼ばれるようにその感度は抜群で、空気のかすかな動きも感知し、狭い場所を通るときは、障害物へのヒゲの当たり具合によって、自分の体が通れるかどうかを瞬時に判断しているようです。

実際ネコを観察していると、ドアのすき間などを通りたいとき、顔をちょっと突き出してヒゲの当たりを確認しているのがわかります。「むりだニャ」と判断すれば体を押し込むことはなく、おかげで途中でお腹やお尻がつかえることもないのです。

また、生まれたばかりでまだ目が見えない子ネコも、ヒゲの感覚は早くから機能し、母ネコのオッパイを探すのに役立てているといわれています。

このようにネコのヒゲは高感度センサーの役割をしていて、行動するうえでとても大事なもの。昔はよく「ネコのヒゲを抜くとネズミを捕らなくなる」といいましたが、そのくらいヒゲの感覚は重要なのです。

ヒゲは他の毛に比べて三倍も深く皮膚の下に埋まっているので、簡単には抜けません（強く引っ張ると痛みが走るのでやめてくださいね）。ただ、たまに抜け替わるので、ぽつんと1本床に落ちていることもあります。これをお宝として保管している飼い主さんもいます。

このヒゲを英語ではwhiskersといいますが、「the cat's whiskers」というと、「すばらしいもの・人」「とても素敵なこと」という意味の慣用句としても使われます。昔からネコのヒゲを「素敵だ」とか「イカしてる」と感じる人は多かったということでしょうね。

耳やヒゲにも表れる正直なココロ

　イヌのように人間に対してわかりやすい感情表現をしないのがネコで、何を考えているのかわからないとか、ミステリアスだとか言われることもあります。

　でも、ネコと暮らしてみると、そのときの心の動きに応じて、しぐさや行動、鳴き声のほか、体にもさまざまなサインが表れることがわかります。表情でネコの気持ちを読み取るのはむずかしいのですが、たとえば耳やヒゲにもネコの気持ちは表れています。

　とくに耳の動きは、ネコの心理を率直に反映しています。

　落ち着いているときや、屋根の上やキャットタワーの高いところにいて自分が優位で自信があるときは、たいてい耳がピンと立っています。ピンと立てて前方に向け、視線も固定しているときは、何かに強い好奇心を持っているとき。

　リラックスしているときや何か探索中のときは、少し前方に傾いています。

　耳が横に引かれるときは警戒や緊張の表れで、強く後ろに引かれたら威嚇や攻撃的な状態です。このとき目の瞳孔が広がっていたら攻撃性が高まっています。

耳をぴたりと伏せてしまうのは怖がっているとき。同時にしっぽを股にはさんでいたら相当怯えている状態です。ぴたり伏せていても唸ったり歯をむきだすようなら、身を守るために攻撃をしかけようという状態で、このときも瞳孔は広がっています。

よく観察していると口元のヒゲの動きにも心の状態が表れるのがわかります。

驚いたときや何かに好奇心を持ったときは、ヒゲがピンと張った状態になります。虫などを見つけて様子を探っているときは、ヒゲが前方に傾いていることもあり。警戒したり怒っているときも前方に傾いています。また怖がっているときは、ヒゲを顔にぴったり付けてしまいます。

元気なときや喜んでいるときは、おおむねヒゲもピンと張り、一方機嫌が悪いときや体調がよくないときは、ヒゲが力なく下がっていることが多いです。これらは口周辺の筋肉の緊張の具合によるものと考えられますが、高感度センサーでもあるヒゲは感情の変化と無縁ではないでしょう。

飼い主さんは、日々愛情をもって接することで、これらさまざまな体のサインからネコの気持ちが読めるようになってくるはずです。

宝石のような瞳の奥にヒミツあり

ネコという動物の魅力や神秘性を象徴するのが、その目ではないでしょうか。くりっとしたまん丸の黒目（瞳孔）が、縦一筋のスリットのように細くなったり、暗闇でピカッと光ったりと、まさに〝ネコの目のように変わる〟魅力的なパーツです。

顔全体の比率からするとあきらかに大きく目立ち、グリーン、ブルー、カッパーなど宝石のように美しい虹彩《こうさい》を持つことも、ネコの特徴といえるでしょう。

そしてネコと暮らしはじめると、「私たち人間が見ている世界とは異なる世界をネコは見ているらしい」ということがわかってきます。

まず、暗闇でも物にぶつかることもなく平気で行動することから、「こんなに暗くてもちゃんと見えているんだ」と実感します。

ネコの目が闇で光るのは、網膜の裏側にタペタムという反射層（輝板）があり、これにいちど網膜を通過した光を反射させているから。このタペタムに反射させた光を再度網膜で感知させているので、わずかな光でも効率よく利用でき、ネコは暗がりでも目が利くというわけです。

もともと先祖は、日没時や夜が明け始める頃を中心に狩りを行っていたようですから、ネコは暗がりでの行動は得意なのです。ただしまったく光のない真の暗闇だと見えず、さすがのネコもじっとしているほかないようです。

大きく美しい瞳のわりには視力はさほどよくなく、人間でいえば視力はせいぜい0・3くらいといわれています。遠くのものを見るのも苦手で、色については青や黄は認識するものの、赤は認識できず黒っぽく見えているだけのようです。

じっと見つめる視線の意味するものは

あなたの正面にネコが座り、じいっと見つめてくることはありませんか。

まばたきもせず見つめる大きな瞳。その視線がどんな意味であなたに向けられているのか、これは長くネコと暮らしている人にも不可解なことかもしれません。あなたがしていることが愛猫にウケて、目が離せなくなったわけでもないようだし。

答えのひとつとしては、（拍子抜けしそうですが）「とくに何も考えていない」というのがあります。

人間同士なら、じいっと見つめる行為にはいろいろな意味がくっついてきます。好意、憧れ、関心、尊敬、軽蔑など、よい意味か悪い意味かも極端です。

ところがネコは、とくに意味も考えもなく視線を固定することがあります。格別見たいものがないので、部屋にいる飼い主さんを見ている、という程度の理由なのです。退屈だから寝てしまってもいいけれど、昼寝したばかりだし、とりあえずやることがないので正面に座ってみた……。そんな行動理由もネコらしさの一面なのです。

ただ、ネコは苦手なものや嫌いなものをじっと見つめることはありませんから、あなたは少なくとも「嫌われてはいない」ことの証明にはなりますね。

もうひとつは、「控えめな意志表示」というケースがあります。たとえば、あなたが仕事をしているデスクの上やパソコンの前に腰を下ろし、じいっとあなたを見る。「じゃましないで」と言っても無反応で、ずっと前からここに座っていたという顔をしています。新聞を広げて読んでいると、そっとやって来てその上に腰を下ろすネコも同様です。

この場合のネコの気持ちは、「そんなことやってないでアタシをかまって」とか、「視界に入っているボクを放っておくの?」などでしょう。露骨にじゃまをしては飼い主さんの機嫌を損ねると思い、控えめな行動に出ているわけです。

新聞に乗るネコの場合は、「床に落ちている紙の上にはとりあえず座る」という紙好きなネコもいますので、紙の感触をただ味わっているということも考えられます。

また、たまに宙の一点を見つめてじっと動かないこともあります。ネコに神秘性を抱く人は、〝人間には見えないもの〟を見ているのでは? と勘ぐりますが、このときは耳にも注目してください。目に入るものよりも、ネコにしか聴こえない音(たとえば水道管の音や小動物の動く気配)を聴いて集中していることが多いのです。

ちいさめの鼻はちょっとしっとり

大きめで特徴的な目に対して、その下の鼻はこじんまりとしています。

同じネコ科でも、ライオン、トラ、ヒョウ、チーターらに比べるとイエネコの鼻は控えめな作りで、鼻孔(鼻の穴)も小さめ。正面を向いたとき、顔のほどよいアクセントになってネコの愛らしさを引き立てています。

鼻先に毛はなく、ふだんは分泌物でちょっと湿っています。子ネコのちっちゃなピンクの鼻などはたまらなく可愛いもので、つい指先でちょんちょんしたり、自分の鼻をくっつけて〝鼻キス〟してしまう飼い主さんも多いのではないでしょうか。

ネコは鼻が利くといわれますが、その嗅覚は人間の数十倍から数十万倍というものまでさまざまな説があります。これは基準を何に置くかによって変わるので、イヌには劣るものの人間の何倍もすぐれているということでいいでしょう。

においは、空気中の成分が鼻粘膜にある「嗅覚受容体」を刺激することで感じとることができ、この嗅覚受容体の数が多いほど嗅覚は敏感であるといえます。嗅覚受容体の数を比較すると、人間の約１０００万個に対して、ネコは約６５００万個もあります。ちなみに中型犬のコッカースパニエルはネコ並みの６７００万個、警察犬として活躍するジャーマンシェパードは2億個もあるそうです。

イヌは空気中のかすかなにおいの成分でも嗅ぎとる能力が高いのですが、ネコは「嗅ぎ分ける」能力にすぐれているとされます。野生では、食べられるものかどうかを嗅ぎ分けたり、自分のなわばりによそ者や外敵が侵入していないかをにおいでチェックする必要があり、単独で生きていくために、嗅ぎ分ける能力は不可欠のものだったのです。

鼻が湿っているのは、粘膜の分泌物によってにおいの分子を吸着しやすくし、風向きや温度差を感知しやすくするため。運動後や興奮時には分泌物が増え、ふれるとひんやりしますが、リラックスしているときや眠くなっているとき、睡眠中などは表面が乾いていることが多いです。ちょこんとついた小さな鼻、しっとりしていても乾いていても、ネコのかわいいパーツ・ベスト3には入れたくなりますね。

〝ネコの変顔〟は何を感じているとき？

においに敏感というわりには、ネコの挙動を見て「ほんとにきみはハナが利くの？」と疑問に思う人もいるかもしれません。

食事のときは、いちいちごはんに鼻をくっつけるようにしてにおいを確認しているし、家に初めての客が来ると、無遠慮に近づいて人の足元や頭髪のにおいまで嗅いでいくネコもいますね。どうもネコは対象物のごく近くまで鼻を近づけないと、嗅ぎ分ける能力をうまく発揮できないようなのです。

イヌの場合、空気中のにおいをキャッチすると、そのにおいの元はどこから来ているか確かめようと鼻をクンクン鳴らします。つまり鼻孔を広げてより多くの空気を吸い込もうとします。一方、ネコは鼻孔も小さいため、そこまで空気を吸い込めず、逆に自分の鼻粘膜をできるだけ対象物に近づけようとするのです。

小さな鼻の穴ですが、ネコを見ていると口は常にしっかり閉じていて、口呼吸はせず鼻だけで呼吸しているのがわかります。これは、冷たい空気や乾燥した空気を吸い込むとき、鼻粘膜を通すことで空気を適度に温めて湿らせ、鼻腔内でホコリやウイルスを除去して呼吸器を守るという利点があります。鼻呼吸は大変合理的なのです。イヌのように、体温調整のために舌まで出して、口でハアハアすることもありません。

それでも、ごくまれにネコが口を半開きにして、笑ったような顔をすることがあります。これは「フレーメン反応」といい、鼻腔と上アゴの間にあるヤコブソン器官という部位で、異性を引きつける性フェロモンやマタタビなどの揮発性のにおいを嗅ぎとろうとするしぐさなのです。

鼻だけでなく口からもにおいを感じとろうとしているわけで、このときはふだん見せない「変顔」になっているネコが多いみたいです。

マタタビを嗅いだときはトロンとして酔ったような反応を見せたり、床に転がって体をクネクネさせることもあります。フェロモンもマタタビも人間にはまったく感じとれないにおいで、動物の本能が支配する世界は私たちにはうかがい知れない――と実感するのがこんなときです。

変幻自在に動くしっぽにもっと愛を

ネコの体でよく動くものといえば、しっぽです。

日中、ヒマさえあれば寝ているネコですが、名前を呼ぶとしっぽの動きだけで返事をしたり、母ネコがうたた寝しながら、しっぽだけ動かして子ネコを遊ばせていたりすることもあります。

ピンと伸びたり、途中から丸まったり、小刻みに震わしたり左右に振ったりと、ネコのしっぽが変幻自在、表情豊かな動きを見せるのは、先端にまで骨と神経が通っていて、ちゃんと筋肉もついているから。内部には「尾椎《びつい》」という短い骨が連続して連なり、12個もの筋肉が付いています。

なぜか、子どもに引っ張られたり、握って遊ばれたりと邪険に扱われることが多いですが、しっぽは繊細な部位であり、強く引っ張ったりすると脊髄の神経まで傷つけて障害が生じてしまうこともあります。獣医師としては、しっぽをもっと大事に扱ってほしいとお願いしたい気持ちです。

人の体では尾は退化して尾てい骨という痕跡が残るだけですが、ネコのしっぽには大事な役割が3つあります。

第一には、行動時のバランスをとるため。高いところへ昇ったり、ジャンプしたり、狭い場所などをすばやく移動するとき、しっぽを前後左右に動かして巧みにバランスをとって行動します。

第二には、感情表現です。しっぽの動きは、そのときのネコの気持ちを率直に表すことも知られています。甘えたい、退屈です、怖いよ、もう怒るぞなど、感情や意志表示はしっぽの動きに如実に反映されます。

第三には、マーキング（におい付け）です。しっぽの付け根には皮脂腺が多くあり、そこから出るにおいをこすりつけることで、自分のなわばりであることを確認しアピールするのです。

ネコがしっぽを立ててあなたの膝にお尻をすりつけてくるとき、あなたはネコのなわばりの一員として〝仲良しのサイン〟を付けられたようなものなのですね。

いまの気持ちがわかる〝おしゃべりなしっぽ〟

ネコのいまの気持ちを知りたいとき、外見上いちばんわかりやすいのがしっぽの動きです。ネコの体の中では、しっぽはけっこうおしゃべりなのです。

気分が落ち着いているときは、しっぽは体に添わせて丸めているか、脱力して伸ばしています。移動の際は自然に伸ばし、バランスをとるときにちょっと揺らすくらいです。

しっぽがピンと立っているのは、甘え気分やおねだりモードになっているとき。お腹が空いたときや、ごはんの準備の気配を感じると、たいていのネコはしっぽを立てて飼い主さんのところへやって来ます。

とくに子ネコは、ピーンと垂直に立てて人の脚にさかんに体をこすりつけてきます。後ろからは肛門が丸見えです。これは赤ちゃんのとき、排泄後に母ネコに陰部をなめ

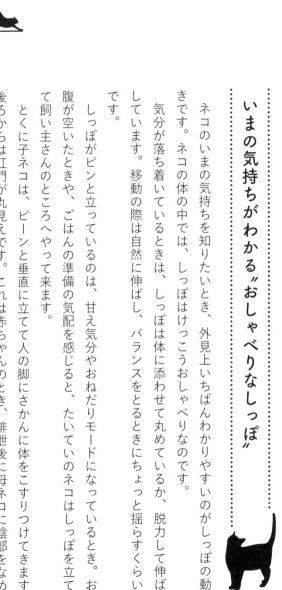

てきれいにしてもらっていた名残といわれ、甘えたいとか何かをねだって欲求を満たしたいとき、しっぽを立てて陰部をあらわにしてしまうのです。

子ネコのこのポーズはじつにかわいいもので、外出から帰ってきたときなど、玄関先で思いきりしっぽを立ててまとわりつかれると、もうなんでも許したくなってしまいます。

ネコをかまっているとき、しっぽが左右にバタンバタンと振られ始めたら、イライラや不機嫌になっているサインなので要注意。しつこい愛撫やちょっかいを出すのをやめないと、しっぽの振りが大きく速くなってきます。これは「もう怒るよ！」という合図なので、ごめんねと謝ってすぐ手を引っ込めてくださいね。

ネコが何か葛藤状態にあるときも、しっぽが左右に振られることがあります。たとえば窓の外にスズメがいて、気になってしょうがない、飛びかかりたいのに窓の外へ行けないなど、思いどおりにならない状況のとき。狩りの衝動を抱えながら、獲物に近づけないこともわかっているので、そのうっぷんがしっぽに表れてしまうのでしょう。

ネコが家の中を歩いているとき、「どこ行くの？」とか「今日もかわいいね」など

ナニやら怒ってますね、
舌まで出して

しっぽがバタンバタンして、
耳にも注目です

と声をかけると、しっぽをピクッと動かしたり前後に一回振ってお返事をするネコもいます。

うたた寝中に名前を呼ぶと、しっぽの先だけピクピク反応することも。面倒なので顔も上げず、「聞こえてるよ」としっぽだけで返事しているのです。

獲物を見つけたり動くおもちゃで遊んでいるとき、飛びかかろうとする直前にピクッとしっぽをけいれんさせることもあります。これは行動前の「いくぞ」という勢いづけのようです。

怯えているときや、けんかの相手に降参するときは、うずくまってしっぽを股の間にはさんでしまいます。急所を守ろうとする意味もあり、無防備に仰向けで寝るクセのあるネコもしっぽで下腹部をおおっていることがあります。

初めてネコと暮らす人が驚くのが、急にしっぽが3倍くらいに太くなったときでしょう。不意に驚いたり、見知らぬ相手に出くわして威嚇《いかく》したりするとき、一瞬でしっぽの毛が逆立ち、太くなったように見えるのです。しっぽは逆U字型に曲げられ、弓なりにした全身の毛が逆立っていることもあります。

これは恐怖と威嚇（攻撃性）が入り混じった状態で、相手に体を斜めに向けてつま先立ち、自分を大きく見せようとするネコの本能なのです。そのポーズのまま前に跳んだり、後ろに跳んだりすることもあり、「ネコの横っ跳び」と呼ばれたりします。

個体差や年齢で反応はいくぶん異なりますが、ネコのしっぽは「口ほどにものを言う」のです。しっぽもコミュニケーション・ツールなんですね。

長い舌は毛づくろいにも水飲みにも活躍

ネコに手や頬をなめられると、舌のザラついた感触がとてもくすぐったいものです。水を飲んでいるところや毛づくろい中のネコを見ると、軟らかくてけっこう長い舌を持っているのがわかります。なめられるとくすぐったいのは、この舌の表面に「糸《し》状乳頭《じょうにゅうとう》」というトゲ状の突起物が生えているから。

このトゲはノドに向かって生えていて、毛づくろいではクシ代わりに活躍し、野生での食事では獲物の肉を骨から削ぎ落すのにも活用されます。ネコがお風呂に入らなくても毛並みがきれいに整い、毛根にも汚れがたまらず清潔でいられるのは、この舌による念入りな毛づくろいを日常的にしていることが大きいのです。

自分で毛づくろいもできない子ネコのうちは、母ネコが代わりに舌でなめて毛づくろいをしてやります。これはマッサージ効果もあり、子ネコが気持ちよくなって、安心して眠りにつくのを助ける〝子守唄〟的な役割もしているようです。

成ネコになっても、母親になめてもらった心地よい記憶は残るので、飼い主さんにブラッシングしてもらうのが好きなネコは多いです。飼い主が休みの日など、朝からブラシの置き場所を行ったり来たりして、「やってやって」とおねだりするネコもいますね。

少々意外かもしれませんが、母ネコの舌の感触に似たものというと歯ブラシがあります。試しに、使い古しの歯ブラシであなたの飼いネコのおでこや頬、アゴの周りなどをなでてみてください。喜んで顔をこすりつけてきて、やみつきになるかもしれません。ただし、ブラシの先で目を突いたりしないよう気をつけてくださいね。

舌の活用法では、水を飲むときの器用な使い方が知られています。

イヌの場合、容器から水を飲むときビチャビチャと周りに水をまき散らしてしまいますが、ネコは上手に舌を使ってアゴも濡らさずに飲みます。

アメリカ・マサチューセッツ工科大学などの研究によると、ネコは舌を「J」の形にして、水につけては高速で引き上げ、一瞬立った水柱の先端を口に入れて飲むということがわかっています。なんと、「重力と慣性の微妙なバランス」を利用して、じつに巧みに優雅に水を飲んでいるのです。

出し入れ自由のツメはお手入れが欠かせません

名ハンターであるネコの最大の武器が、前足の鋭いツメです。

ふだんは指のさや状の皮膚の中に引っ込んでいますが、必要なときにニュッと出てきて、獲物を一撃で捕らえたり、押さえつけて動けなくさせるのに活躍します。

しかし野生の暮らしが遠ざかってしまったいま、このツメは獲物への脅威から、飼い主さんへの脅威に変わりつつあります。引っかかれたことがある人はわかるでしょうけれど、小さいながら鋭利なツメはザクッと食い込み、当たる角度によっては皮膚が切れてしまったり、ミミズ腫れになってしまうこともあります。

平常時でもツメが伸びていると、抱っこしたり膝に乗せているとき、ずり落ちないよう前足をかけるので先端が食い込んできます。これが微妙に痛いのです。

人的被害だけでなく、ツメ研ぎというネコ特有の習性によって、大事な家具や、新調したばかりの革靴やかばん、壁紙や天然木の柱までが被害者になりかねません。

飼い主さんは、予防措置として、せっせと愛猫のツメを切ったり、ツメ研ぎ板を用意したり、壁にツメ研ぎ防止のアクリル板を貼ったりしなければならないでしょう。

それでもネコは、どこかでガリガリッとやっています。

ネコがツメを研ぐのはいくつか理由があり、第一には古い角質をはがし、常に新しく鋭いツメを保つための習性です。つまり、狩りに備えて大事な武器の手入れをしているわけ。後ろ足は、武器としての重要度が低いせいかツメ研ぎはせず、古い角質は自然にはがれていき、ときどき部屋の床に落ちていることがあります。

第二には、自分のなわばりを示すためのマーキングです。前足の肉球側にはにおいのある分泌物を出す臭腺があり、ツメ研ぎすることで自分のにおいを付け、またツメの跡を残すことで「ここはボクのなわばりだぞ」と主張しているわけです。

第三には、気分転換です。マーキングすることでネコは安心感を得られるので、気が落ち着きます。それでイライラしたときや、飼い主さんに叱られて気まずくなったとき、気分転換にツメ研ぎすることもよくあるのです。いずれにしろ動物の習性を人間が押さえつけることはできませんから、ツメ研ぎにも寛大な気持ちで付き合ってくださいね。

なで肩すぎる体型としなやかさの関係は

ネコをなでていると、首筋から背中まですーっと手が流れますね。肩のところで引っかかったりしないのです。

おすわりしている後ろ姿を見てもわかりますが、ネコは極端な「なで肩」で、もっと言えば「肩があるようで、ない」という感じ。これはネコの体の特徴にもなっています。

では前足の肩のところはどうなっているのかというと、前足上部の上腕骨と肩甲骨はつながっていますが、鎖骨は肩の関節につながっていません。ネコの鎖骨は退化して短くなってしまい、肩と胸骨を繋ぐ役割も果たしていないのです。

つまり、ネコの肩は固定されていないため、かなりの範囲で自由に動かすことができます。だから、狭いすき間でも頭が通る幅さえあればひょいと通り抜けられるし、前足を柔軟に使って木登りしたりと、幅広い動きができるのです。

骨格全体を見てみると、ネコ科の動物にほぼ共通する構造で、骨格標本を見るとトラやヒョウの骨格をそのまま小さくした感じです。

骨の数はヒトより40本多い244本。体のセンターを通る背骨にはいくつもの椎骨が連なり、しっぽまでつづいています。丸くなったり、思いきり伸縮させてジャンプしたりと、ネコの体が柔軟性に富むのは、椎骨同士をつなぐ軟骨（椎間板）が丈夫で非常にしなやかにできているから。年をとるとすぐ椎間板を傷めてヘルニアになったりする人間とは、この辺の出来が違うようですね。

筋肉を見てみると、やはり全体に柔軟ですが、後ろ足とアゴの筋肉が強力なことが特徴です。とくにバネの固まりのような後ろ足は俊敏な動きを生み、驚くべきジャンプ力を発揮します。動画サイトに投稿された日本のネコ動画には、大好きなネズミのおもちゃを取るために2メートル近くも垂直跳びをするネコもいました。

アゴの筋肉は、狩りのとき獲物を一瞬で捕え、かみ殺すという役割を担います。暴れてもくわえたまま放しません。ネコ同士のケンカでも、ネコパンチはジャブ程度ですが、かみつき攻撃は勝負を決める必殺技としてくり出されることが多いようです。

ネコにも利き手がありサウスポーは圧倒的にオス

ネコの前足は、つい「手」と呼びたくなるくらい、いろいろな動きをみせてくれます。先述したように舌で器用に水を飲めるのに、わざわざ容器や水道の蛇口に前足を突っ込んで水に浸し、それを口元に持ってきてなめるネコもいますね。

カリカリ（ドライフード）を器用に前足で拾って一個ずつ食べるネコもいるし、念入りに顔を洗うしぐさなど見ると、「それ、もう完全に手でしょ」と言いたくなるときがあります。

それほど「手」に近い機能を持つなら、人間のように右か左かの「利き手」がありそうなものです。

動物学では「人間以外の動物に利き手はない」とされてきた時期もありましたが、最近の研究では、「ネコにも利き手はあり、オスは左、メスは右の前足が利き手という傾向が強い」という説が登場してきました。

研究を行ったのはイギリスのクイーンズ大学ベルファストの心理学者デボラ・ウエ

ルズ博士らで、２００９年に、オスとメス21頭ずつの計42頭のネコを対象に、「ガラス瓶に入れたサカナを取り出させる」「ネコの頭上にネズミのおもちゃを吊るす」「ネコの前でネズミのおもちゃをヒモで動かす」という3種のテストを実施しました。

各ネコが左右どちらの手で反応するかを、１頭につき１００回以上くり返して調べた結果、ほとんどのネコに利き手があるとわかったということです

ネズミのおもちゃを用いたテストでは左右のどちらの手も使うネコが多かったのに対し、「サカナを取り出すテスト」では、オスとメスではっきりと傾向が分かれました。オスの場合、21頭中20頭がサカナを取り出すのに左手を使用。一方メスは、21頭中20頭が右手を使用していたそうです。

どうやら「オスは左手」「メスは右手」が利き手という傾向はたしかにあるようです。試しにわが家のネコや、医院にやって来るネコちゃんたちを観察してみると、ほぼ同様のパターンが見られました。

なぜサカナを取るテストでだけはっきりした傾向が現れたのかというと、ウエルズ博士らは「ネコにとって簡単な動作には使う手の左右の差はないが、少し複雑な動きが必要な場合には、得意なほうの手（利き手）を使うのではないか」という意見を述

ボクは
やっぱり
左利きかニャ

アタシたちは
どっちか
当ててみて

べています。英国の科学雑誌も、「人間もドアの開閉など大ざっぱな作業ではどちらの手も使うが、字を書いたりボールを投げるなどの正確性を必要とする作業には利き手を用いるのでは」と論評したということです。おそらくネコも同じなのでしょう。

ウエルズ博士はその後も研究を続け、2012年には、同じネコが成長とともに利き手が変化するかどうかを調べ、発表しました。それによると、生後6か月目くらいまでは利き手がなく左右同じように手を使うのですが、生後12か月目になると、やはりオスは「左利き」、メスは「右利き」の傾向が強くなるそうです。

あなたの家のネコも、利き手はどちらか遊びのついでに観察してみてはいかがでしょうか。じゃれ合うときのネコパンチの手と、ごはんをゲットするときの手が違うかどうかも、ぜひチェックしてみてください。

ゴロゴロ音は満足と安心のシグナル

ネコがそっと膝の上に乗ってきて、ゴロゴロとのどを鳴らし始める――。

初めてネコと暮らす人は、もうそれだけで幸せな気分になるのではないでしょうか。

このゴロゴロとかグルグルとのどを鳴らすネコ特有の音は、もっぱらリラックスして機嫌がいいときに発するもの。だれかに甘えたい気分のときや、体をなでられて気持ちよくなっているときもよく鳴らします。

ご機嫌のゴロゴロのほかに、「遊んでくれるの？」とか「ごはん用意してくれるの？」と期待でわくわくしているときにも鳴らすことがあります。また子ネコや若いネコに多いのですが、少し高い音でゴロゴロ鳴らすときは、「ドア開けて」「ごはんちょうだい」「遊んで」など何かを要求していることもあります。これを〝要求のゴロゴロ〟と呼んだりします。

もう一つ、体の具合が悪いときにゴロゴロ鳴らすこともあり、これは骨に刺激を与えて新陳代謝を活発にし、治癒力を高める効果があるのではないかという説もあります。

ネコが最初にゴロゴロ音を発するのは、まだ赤ちゃんで母ネコのお乳を吸っているとき。ゴロゴロの響きは「オッパイ、ちゃんと飲んでるよ」という信号として母ネコに伝わり、お乳の出をよくする効果もあるといわれています。

大人のネコでも、人のベッドに入ってきてさかんにゴロゴロ鳴らすときは、〝赤ちゃん帰り〟して甘え気分になっていることが多いので、そのつもりでやさしく受け入れてあげましょう。

ある小説家は「猫鳴り」と呼んだこのゴロゴロ音。じつは、その発生のしくみはまだ詳しく解明されていません。胸部への血流が胸腔で反響して鳴るという説（胸に耳を当てると胸腔全体が震動しているのがわかります）や、のどと横隔膜の筋肉の収縮運動が関係しているという説などがありますが、いまだはっきりとはわかっていないのです。

同じネコ科でもトラやヒョウ、ライオンはほとんど鳴らしません。ゴロゴロ音は、人と暮らすネコの安心を伝える響きなのかもしれませんね。

柔らかいものを「ふみふみ」するワケ

ネコが甘えたような顔で寝床に入ってきて、あなたのお腹の上に乗り、前足で右、左、右、左と押し始める……。たまりませんね。

これは、交互に足踏みするように押すので、一般に「ふみふみ」と呼ばれるネコ特有の行為です。手のひらを開閉しながらやるため「グーパー」とか「にぎにぎ」と呼ぶ人もいます。ネコ好きさんにはおなじみの行為ですが、初めてこれを体験する人は「いったい何をしているのか」と不思議に感じるようです。

「ふみふみ」の動作は、じつは赤ちゃんのとき母ネコのお乳に吸い付いて、オッパイの出をよくするように前足でお乳をもみもみした行為の名残なのです。

この「ふみふみ」の対象となるのは、ぬくぬくの毛布や厚手のフリース、羽毛布団、飼い主さんの胸やお腹など。つまり柔らかくてあったかいものばかり。眠気を催したり甘えたい気分のとき、お母さんのオッパイのように柔らかくてあったかいものにふれると、赤ちゃん気分に戻って「ふみふみ」を始めてしまうようです。

ただ、ネコはみんな「ふみふみ」するわけではなく、2、3才くらいまでひんぱんにやるネコもいれば、まったくやらないネコもいます。10才を過ぎてもときどき思い出したようにやるネコもいますね。

この行為は母ネコと離す時期が早過ぎたネコに多く見られるという説もありますが、正直なところあまり関係ないような気がします。

イエネコの特徴として、いくつになっても飼い主さんに対しては幼児性を失わないという点があります。ネコは基本的に、飼い主さんの前ではいつだって子ネコのままで、甘えたい気持ちもずっと失いません。

成ネコになっても、飼い主さんのにおいの付いた毛布をくわえてお乳を吸うような行動をするネコや、眠くなると飼い主さんの指や唇に吸い付くネコもいます。でも、ネコの赤ちゃん帰りの行為を無理にやめさせる必要はないと思います。何よりも飼い主さんといることに安心しきっているという証拠なのですから。

「ふみふみ」しているとき、ネコはうっとりしているように見えます。母ネコに甘えることができた子ネコ時代の、幸せな気分を味わっているのかもしれません。

どんなときでも「毛づくろい」がネコを救う

ネコ好きで知られるアメリカの作家ポール・ギャリコの『ジェニィ』という小説には、ネコに変身してしまった少年ピーターに、〝ネコとしてふるまうための心得〟をジェニィというメスネコが説いて聞かせる場面があります。

「まずいなと思ったら、どんな場合でも、とにかく毛づくろいよ！　これが規則第一条」

そう言って、ジェニィはネコとしていかに「毛づくろい」が有効かつ大事な行為であるかをピーターにレクチャーするのです。

何かしくじったとき、だれかに叱られたとき、ドジをして笑われたとき、論争で分が悪くなり一時休戦したいとき。果ては、自分が何をしたいのか忘れてしまったとき、人が大勢いて落ち着かないとき、むしゃくしゃしたとき……。とにかく毛づくろいこそ、自分をリセットさせて、万事うまく事を運ばせる万能の行為だというわけです。

実際、ネコを見ているとそのへんのことはとっくに承知のようで、ふだんもよく「え、こんなときに？」という状況で毛づくろいする姿を見ます。

毛づくろいの本来の目的は、舌をクシ代わりにして古い体毛や汚れをなめ取って、被毛の状態を整え、清潔を保つことにあります。たいていのネコは日課としてこれを行い、おかげでいつも毛はツヤツヤ、地肌の汚れもなく、いやな体臭もしません。

それ以上に、ネコは、ジェニィがあげたような状況での気分のリセットや照れ隠し、気晴らし、気休めなど、いろいろな効用をわかっていて、絶妙なタイミングで毛づくろいを始めるものです。

フーッフーッと唸り合っていたオス同士が、けんかの途中でいきなり毛づくろいを始めることもあります。攻撃するのも怖いし、逃げるわけにもいかない、勝負がつかないしどうしよう……というとき、とりあえず毛づくろいなのです。

これは「転位行動」と呼ばれ、不安や恐怖、強いストレスを一見無関係な行動で発散させていると考えられています。

ではなぜ毛づくろいなのかというと、自分の体をなめることで気分を落ち着かせることができるようなのです。日課のグルーミングとしての毛づくろいは、本来ネコがリラックスしているときに行います。ごはんをお腹いっぱい食べたあととか、気持ちよくお昼寝したあとに行うネコも多いです。リラックスしたひとときに、いつもの手順で体全体に舌を使い、よけいな汚れやにおいを取り、唾液で自分のにおいを付けて終わる。これでさらに気分が落ち着き、機嫌よく過ごせるわけです。

また、子ネコ時代に刷り込まれた甘い記憶も影響しています。生後1か月くらいまでの子ネコは自分で毛づくろいができないので、母ネコが代わりに舌でやってあげます。ザラッとした母ネコの舌の感覚はマッサージ効果もあり、子ネコは体をなめてもらううちに気持ちよくなって、ウトウトと寝てしまうのです。

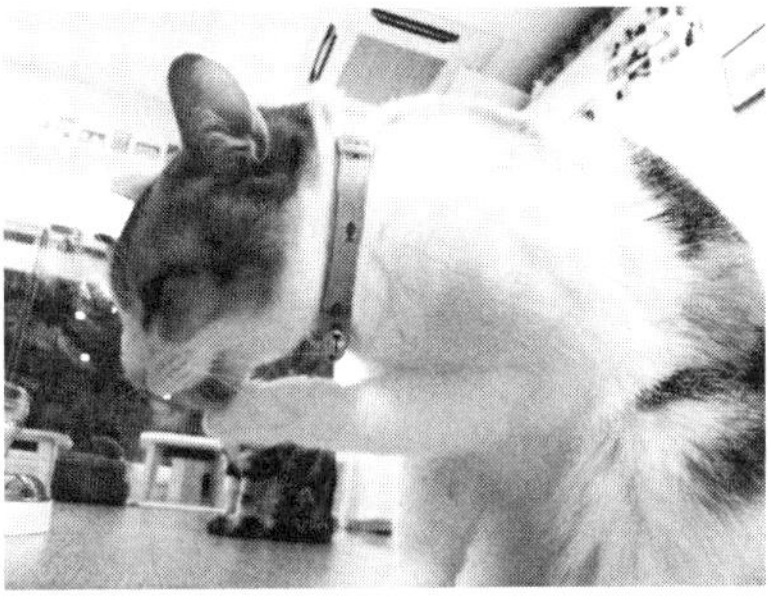

ペロペロ
してると
おちつくんだ
ニャ~

こうした至福の記憶も影響して、毛づくろいイコール気分が落ち着く・気持ちがよくなるということがネコはわかっているみたいです。

小説『ジェニィ』のピーター少年は、いつも毛づくろいばかりしているネコに、「なぜそんなことにばかり時間をかけるの?」と問いかけます。

ジェニィはこう答えます。「清潔にしてるとすごく気分がいいからよ」。

これが本音なのかもしれませんね。

(参考/『猫文学大全』柳瀬尚紀訳・編、河出書房新社)

お腹を見せて転がるのはどんな意味?

ネコの柔らかいお腹をさわりたがる人は多いですね。

お腹はネコの急所でもあるため、それをさらけ出すということは、相手を信頼しきって安心していることの表れといえます。普通、ネコは知らない相手にお腹をさわらせることはまずありません。横腹を見せて寝ているネコのお腹を勝手にさわろうとしたら、シャーッと引っかかれてしまうでしょう。

だからこそ、ネコ好きな人たちの多くは、ネコと〝お腹を平気でさわらせてくれるような関係〟になりたいと常々思っているわけです。

そのお腹をさらして、床の上でクネクネ転がるネコのポーズがあります。仰向けに転がり、右に左に体をくねらせて、ときどきちらっと飼い主さんを見たりします。たいていは飼い主さんの目の前でこれをやるので、「かまって」とか「遊んで」という誘いのポーズだといわれています。

この原点は、子ネコ同士が遊びに誘うときのポーズにあります。子ネコの兄弟が取っ組み合いをして遊ぶとき、よくこんな格好をしてかかってくるのを待っています。無防備に仰向けになるのは「ほら、受け入れ態勢オッケーだよ」という意志表示でもあり、かかってくるのをワクワクして待っているわけです。

飼い主さんが帰ってくると、玄関先で必ず仰向けに寝っ転がるネコもいます。これも、「帰ってきてうれしい」という気持ちと、かまってもらえる期待感を込めた親愛のポーズなのでしょう。

ところが、飼い主さんもだれも見ていないところで、この「仰向け寝転がり」をやるネコもいます。マンションのベランダに出してもらうと必ずクネクネ転がるネコや、ふだんはあまり入れてもらえない寝室に入ったとき必ずコロリコロリ転がるネコなど。「仰向け寝転がり」は、安心できる好きな相手の前でだけやるとは限らないのです。ネコの気持ちは簡単にはわかりませんね。

とはいえ、かまってもらう相手がいなくても、ベランダの外気のにおいや床の感触が好きなのかもしれないし、寝室のにおいも好ましいものなのでしょう。「仰向け寝転がり」のクネクネポーズは「うれしい」という表現であることはたしかなのです。

ニャーの声はあなたへのこんな意志表示

ネコと暮らしていると、「長い付き合いなんだから人のことばくらい理解してくれてもいいのに」と感じたり、逆に「この子はけっこう人の話がわかっているのでは」と感じたりすることがあると思います。

ネコと暮らす場合、ネコと言語によるコミュニケーションは無理だ、と決めつけてしまうより、ひょっとして多少は会話が成立するんじゃないか、と期待を持っていたほうが絶対楽しいと思います。会話といっても、アニメのようにネコが人間のことばをしゃべることはありませんから、人間の側から積極的にネコのことば（鳴き声）を理解してあげようという姿勢が必要です。

ニャアとかミャーという鳴き声は、じつはネコ同士の世界ではほとんど使われません。子ネコ時代に、母ネコに自分の居場所を教えたり、困ったときに救いを求めるため鳴き声をあげるくらいで、大人になるとネコ同士の会話としての鳴き声はまず聞かれなくなります。つまり、ネコの鳴き声はほとんどが人に向けられていて（けんかの際の唸り声や発情期の鳴き声は別です）、ネコはなんらかのメッセージを鳴き声で伝えようとしているのです。

鳴き声には以下の基本のパターンがあるので、まずこれを覚えておくだけでも、ネコの気持ちを知る助けになると思います。

●**はっきりした声でニャーと鳴く**……何か要求したいときや不満を訴えたいとき。「ドアを開けて」とか「トイレが汚れてる」「ごはんまだ!?」など、状況に応じ何を求めているのかくみ取って、不満を解消してあげましょう。これを語尾が上がるように「ニャアーン」と高めの甘い声で鳴くと、「遊んでよ」など誘いの意味のことが多いです。

●**長く強い声でニャーッと鳴く**……何か不快なことがあるとき。「はっきりした声のニャー」よりも低い音に聞こえます。さわられたくないのに、無理やりだれかにさわられているようなときに発します。飼い主さんが気づかずにトイレや押し入れに閉じ込めてしまったときなども、まずこの鳴き声で助けを求めます。

●短くニャッと鳴く……名前を呼ばれたときや、何か声をかけたときの返事として返ってくる鳴き声です。「やあ」とか「ハイ」くらいの感じで、一緒に暮らす人に対して身に付けたネコ語の挨拶といえるでしょう。ドアを開けてもらったときなど、お礼のように「ニャッ」と鳴く例もあります。

　ほかにもさまざまな鳴き声があり、ざっと分類すると約20種類になるともいいます。それを紹介するよりも、あなたがネコと暮らすなかでさまざまな鳴き声を聞き取りながら、その意味を少しずつ理解していくほうが楽しいネコ生活になると思います。

　鳴き声の聞こえ方は個体差もあり、ネコの品種によってもニュアンスが異なります。ペルシャなどの長毛種は小さく細い声の子が多く、アビシニアンは声が大きめの子が多い印象があります。

「うちのネコはめったに鳴かない」という方もいるでしょう。その場合、ネコと遊ぶときまめに話しかけたり、挨拶代わりによく声かけをしてあげると、返事で声を出すようになることがあります。その鳴き声をまねして返したりすると、徐々にかわいい声を出すようになる例がけっこうあります。コミュニケーションを楽しみたいという飼い主さんの姿勢を、ネコもだんだん感じてくれるみたいです。

ニャーッ
(ごはん
まだあ?)

にゃ?
(さっき食べた
ばっかでしょ)

第5章

もっと！ネコの変なクセを知る

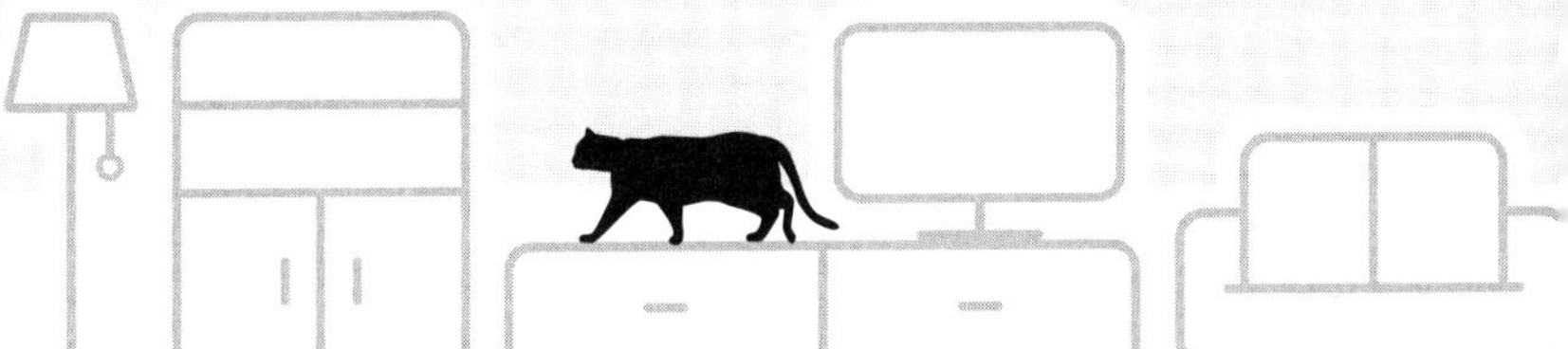

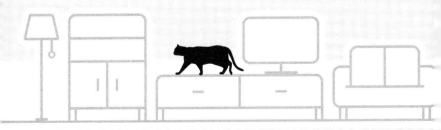

ネコは「マーキング」をせずにいられない

毎日好きなだけお昼寝して、お腹が空けば人にごはんをねだり、退屈するとかまってもらいにやって来る……。なんともうらやましい日常ですが、これでもネコはもともと単独行動型の狩猟動物なのです。生きるためには獲物を捕らえなければならず、捕食のための狩りをするには、自分のなわばりを常に確保しておく必要がありました。

平和で気楽な飼いネコの身分になった現在も、その習性はしっかり残っています。だからネコは、自分のなわばりであることをアピールするマーキングという行動をやめられないのです。

マーキング行動にはさまざまなものがありますが、代表的なのはスプレーと呼ばれる尿をかける行動です。この尿かけはメスもしますが、とくに去勢していないオスに目立つ行動です。お尻を向けてしっぽを上げたかと思うと、プルプルッとお尻を震わせ、シャーッとそれこそスプレーのように尿をかけるのです。ワンちゃんのように片脚をあげてやるネコはあまりいません。

去勢をしていないオスと暮らしたことがある人はわかると思いますが、においは強烈で、しかも家の中でも至るところに、ひんぱんに行います。そのにおいで他のネコや動物に「ここはボクのなわばりだぞ！」と主張しているわけです。哺乳類の中では嗅覚が鈍いとされる私たち人間の鼻にも、かなり強い独特のにおいが何日も残ります。

しかし、このスプレーによるマーキングの効力は24時間程度といわれています。1日経ったらなわばりの管理は危うくなるようで、そのためネコは毎日自分のなわばりのパトロールに出かけ、マーキングをし直してくるのです。これは室内で暮らしている場合も同様で、家の中を順繰りに歩いて回るのもそのためなんですね。

スプレーによるマーキング行動は、去勢手術や避妊手術をすることでかなり抑えることができます。一般には手術のあとスプレー行為は減少しますが、完全におさまらないこともあります。

顔やしっぽの「すりすり」はにおい付けと挨拶が目的

飼い主さんの体にネコが顔や体をこすり付けてくる、「すりすり」と呼ばれる行為があります。変なクセというより、ネコ好きさんにはたまらない「可愛い習性」の一つです。

「すりすり」は人に甘えたりおねだりしたいときの親愛行動で、同時に自分のにおいを付けるマーキングの意味もあります。

においのある分泌物を出す臭腺《しゅうせん》は、ネコのアゴの下と口の周り、耳の付け根、そしてしっぽの付け根にあります。「すりすり」とはそれらの部位をこすり付ける行動です。自分の縄張りをアピールするために壁や家具に「すりすり」と体を擦り付けているのです。

「すりすり」によるにおい付けはあまり実効性がつづきません。そのためネコは、ときどきなわばりの各所を回ってすりすりをやり直します。ネコと暮らすお宅では、柱や家具の一部がネコの体の高さで黒ずんだり色が変わったりすることがあります。これはその位置で何度もすりすりをくり返したために変色してしまっているのです。

「すりすり」にはもう一つ大切な役割があります。道ばたや塀の上でネコ同士が頭と頭をくっつけてこすり合うのを見たことがないでしょうか。これはネコの挨拶で、こうすることで互いのにおいを付け合い、仲間という意識を共有しているようです。

みなさんが外から帰宅したときにネコちゃんが頭を足に擦り付けてきませんか。つまりこの行動もネコにとっての挨拶なのです。「おかえり」、「どこにいっていたの？」、「心配していたよ」と挨拶してくれているのです。

また、あなたがソファに座っているとき、手がぶらんとしていると小さな頭を押し当ててくることはありませんか。頭や顔を手に押し付けられると、あなたはついなでてやったり耳の横をかいてあげたりしますよね。するとネコはますますすり寄ってきて、頭やアゴを何度か押し付けたり、膝にわき腹やしっぽをこすり付けたりしてきます。

あなたのネコも、本当なら頭と頭をくっつけたいのにそうもいかず、ちょうどいい高さにあるあなたの手に頭でちょんちょんと挨拶しているわけです。そんなときは、ちょっとでもいいですからネコをなでてやってくださいね。

高いところに「見張り場」があると落ち着く

ネコがいつの間にか本棚や食器棚の上に登って、あなたを見下ろしていることはありませんか？　しかも、妙に落ち着いた満足げな表情をして。

高いところに登るのが好きというのも、ネコ特有の習性の一つで、これも単独で狩りをしていたことの名残といわれています。

野生では、木の上に登ることで外敵から身を守り、しばし安息の時間を持つことができました。また木の上に身を隠しながら、鳥が枝に止まるのを待ったり、地上に獲物が来るのを見張るという行動もしたようです。

野良ネコを見ているとわかりますが、ネコは木登りがけっこう得意で、屋根の上や塀の上など高いところでのんびり過ごしてることも多いです。高いところは安全な見張り台であり、ネコにとって優越感をもたらす場所でもあるようです。

ネコ同士のけんかの際には、より高い位置に陣取ったほうが優位になるといわれています。

強いネコは高い場所から見下ろして威嚇し、弱いネコは一段低いところでさらに体を低くして、最後には寝転がってお腹を見せて「降参」のポーズを取ったりします。

これが同じくらいの力のネコ同士だと、形勢不利だったネコが高いところへ移動すると、たちまち優劣が逆転するということも起こるようです。

こうした習性を利用して、高いところに安全な居場所を確保してあげると、ネコのお気に入りの場所になると思います。ときどき登っている本棚や食器棚があれば、落下してしまうと危険なものを片付け、ゆったり体が収まるスペースを作ってあげましょう。キャットタワーや、もし可能であればキャットウォークと呼ばれる高い位置の通路(梁)を設置するのもおすすめです。

だれにも邪魔されない「見張り場」から、好きな飼い主さんをいつでも眺めていられるのは、ネコもきっと気分がいいはずですよ。

いつでも潜り込める「隠れ家」があるとうれしい

高いところのほかに、ネコが好む場所は「穴ぐら」や「狭いすき間」など、体がすっぽり収まるくらいのスペースです。

ダンボールの空き箱、紙袋、家具と家具の間など、なぜわざわざそんな狭いところに、と思うような場所が好きなのです。靴の入っていた紙箱や、土鍋にすっぽり体を丸めて入るのが好きなネコもいますね。

ネコと暮らしていると、たまに、どこを探しても姿が見えないことがあります。そういうときは、たいていそんな狭い薄暗い場所で居眠りしていることが多いのです。つまり、狭い穴ぐらのような場所は、ネコにとって安心できる場所なのです。

これも野生のときの名残で、周りが囲まれていて、外敵に発見されたり襲われたりする心配の少ない穴ぐら的なスペースは、安心して休息できる場所だというのを知っているんですね。

狭苦しい場所に潜り込むクセは見ていて微笑ましくも感じますが、外敵に襲われる心配がない平和な飼いネコ生活に浸っていても、こうした身を守る習性を忘れないのは、ネコがずっと野生の本能を残していることの証しでもあります。

すでに何度かふれていますが、ネコ特有の習性というのは、ほとんどが野生における狩猟動物の本能からきています。

ネコを喜ばせて、ともに楽しく暮らすには、こうした本能を刺激してあげたり、本能の欲求を満足させてあげることがコツです。家の中にも穴ぐら的な場所を作ってやり、好きなときに潜り込める「隠れ家」として利用してもらいましょう。

まさに穴ぐらやトンネル風に使えるペットグッズも市販されていますが、ダンボール箱に入り口だけ作って廊下の隅に置いたり、クローゼットの奥にキャリーケースのふたを開けて置いておくのもいいかもしれません。

急な来客やにぎやかな雰囲気が苦手なネコは、パーティーなどで人の出入りが多いときに、そんな場所に逃げ込んでほっとしてくれることと思います。

ネコと暮らすことは「抜け毛」と付き合うこと

ネコと暮らす人が避けては通れないのが、抜け毛の問題です。

ネコはどんどん毛が抜けます。抱っこすれば服は毛だらけ、湿気の多いときは、ちょっとなでてあげただけでも手や顔に毛がくっついてしまいます。

ネコの毛は細くて軽いため、抜けるとふわふわ移動していろいろなところへ入り込み、まめに掃除をしているつもりでも、あちこちに毛が集まって綿ボコリのように溜まってしまいます。

初めてネコと暮らす人は、毎日こんなに抜けて大丈夫なのかと心配になるかもしれません。抜け毛は新陳代謝によるもので、春と秋の換毛期《かんもうき》以外にも一年中大量に抜けて生え変わっています。抜け毛と無縁のネコはいませんから（スフィンクスという無毛の品種は別です）、飼い主さんにとっては「ネコと暮らすことは、抜け毛と付き合うこと」といってもいいくらいなのです。

では、少しでも抜け毛に悩まされないようにするにはどんな対策があるかというと、ブラッシングと掃除。これに尽きると思います。

ブラッシングは、短毛種の場合は、一般的なクシ以外にラバーブラシを使うのがおすすめです。抜け毛がごっそり取れますし、ラバー本体に毛がくっついてさほど飛び散らずにすみます。皮膚の血行促進やマッサージ効果も期待できます。

初めてラバーブラシを使うと、あまりにも毛が取れるので「抜けすぎでは？」と不安になるかもしれませんが、ブラッシングで取れる毛は、いずれ抜ける古い毛なので心配いりません。ただし、部分的にごそっと固まりで抜けるような場合は動物病院に相談してください。

長毛種の場合は、もともと毛がもつれやすいので、抜け毛対策以前に毎日のブラッシングが欠かせません。もつれを取るステンレスのコームや余分な毛をすき取るスリッカー（あまり先が尖っていないもの）を組み合わせながら、1日1回はブラッシン

抜け毛をためて遊び用のヘアボールもできちゃう

グしてあげましょう。ブラッシングはネコとの大事なコミュニケーションでもあるので、多忙な方も忘れずに時間をつくってあげてください。

ただ、問題はブラッシングが嫌いなネコが多いこと。飼い主さんがブラシを手にしただけで、そそくさと隠れてしまうネコや、もともとが野良で、飼いネコになっても体をさわられるのをいやがるネコもいます。

そういう場合は、時間をかけて少しずつブラシに慣れさせましょう。

リラックスしているときを見計らい、まずコームやブラシでソフトに数回だけなでるのを何日かつづけてみてください。大げさにせず、ブラシを隠して近づいて、さっと手早くやるのがコツ。焦りは禁物です。様子を見ながら少しずつ回数を増やしていきましょう。「あ、なんか気持ちいいニャ」と思ってくれたら意外に早く慣れてくれるかもしれません。

ブラッシングは、抜け毛を除去するほか、被毛にツヤを与え、マッサージによる血行促進とリラックス効果で免疫力がアップするともいわれています。毛づくろいで飲み込んでしまう毛の量を減らせるので、毛球症（胃や腸に毛玉が溜まる病気）の予防にもなり、また毎日スキンシップをすることで皮膚のトラブルや体の異変に早く気づいてあげることができます。メリットがいくつもあるブラッシングですが、ネコにとってはたぶん、「気持ちよさ」がいちばんでしょうね。

うっとりしていたのになぜ「急にかみつく」のか

ネコがすり寄ってきたので、顔やお腹をなでてあげていたら、急にかみつかれた。怒らせるようなことは何もしていないのに……。

こんな経験をすると、「ネコは気まぐれ」とはいえ、なんだか納得できない気分が残りますね。でも、「うちのネコはかみグセがあるのかな」とか「もしかしてうちのネコは怒りん坊?」などと思わないでくださいね。

これは、あなたのおうちのネコだけでなく、どんなネコにでも起こりうることで、ちょっとむずかしい専門用語では「愛撫誘発性攻撃行動」と呼ばれています。

これは、ネコをなでていて、最初はのどを鳴らしてご機嫌にしていたのに、急に飼い主さんの手をかんだり、ネコパンチやネコキックをくり出す行動をさしています。

なぜ、ネコはこんなことをしてしまうのでしょうか。

それは、ネコの体への「なでる場所」「なで方」「なでている時間」にカギがあります。

まず「なでる場所」です。ネコは顔や首回りをなでると目を細めて喜びますが、お腹や足をなでられるのはいやがることがあります。柔らかいお腹は急所であり、外敵から守らなければいけない場所です。足は、もし傷ついてしまうと獲物を捕らえることができなくなってしまう大事な部分です。いずれも、さわられると反射的に警戒心が起こる場所でもあるのです。

次に「なで方」ですが、ネコが好む毛づくろいは、小さな舌をクシ代わりにして丹念に行いますね。これはネコ同士で毛づくろいをし合うときも同じです。人が指の腹でやさしくなでるのは、これと似た感触なのでネコは喜びます。

でも、人間の手のひら全体でお腹をなでたり、足をギュッと握ったりすると、その感触は「心地よい毛づくろい」とはだいぶ異なるため、これも警戒心を呼び起こす可能性があります。

「なでている時間」はとくに重要です。

ネコはお腹や足をなでられても、気持ちがいいときはそのままさせておき、しばらくすると満足して、「もう十分だよ」という気分になります。このとき、しっぽを左右に振り始めたり、耳をぺったり後ろに寝かせていることが多いです。これはネコが発している「そろそろやめて」のサインなのです。

これを理解して、そこでお腹や足へのタッチをやめればいいのですが、気づかずにつづけていると、しっぽの振りは大きくなり、それでもやめないとガブッとかみつくことがあるのです。

びっくりしますよね。「なぜ!?」と思うのも無理はありません。

でもこれは、ネコの自己防衛本能によるもので、まったく悪気はないのです。

「ごめんね、やりすぎちゃったね」と謝って、耳の後ろでもなでてあげれば、普通はすぐ仲良しに戻れるのでご心配なく。

ただし、ここに説明したような状況でなくても、ネコはなぜか不意にかみつくことがあります。問題行動として飼い主さんや他のネコに対して攻撃してしまうのです。なかには怪我をさせてしまうほど強くかみついてしまうことも。理由はいろいろですが、そういった場合は一度動物病院で相談してみるとよいと思います。

「ツメ研ぎ」のクセも寛大に受け入れて

ツメ研ぎに頭を悩ませる飼い主さんは多いでしょう。第4章でもふれたようにツメ研ぎは狩りに必要な武器の手入れであると同時に、マーキング行動でもあります。

本来の習性でやっている行動ですのでやめさせるわけにはいかず、かといってしょっちゅうツメを切ればすむという話でもありません。しかもツメ研ぎでは、家具の傷や壁紙の破損など物理的なダメージも生じてしまうことがあります。

では、ともに快適に暮らすにはどうすればいいでしょうか。ここはやはり人間の側から、できるだけ実害を出さずに、お互い気持ちよく暮らせる工夫を考えることが大事だと思います。

まずツメ研ぎ板をいくつか用意しましょう。木製、ダンボール製、縄を使ったもの、粗いカーペット状のものなどいろいろな種類が市販されていますので、家のなかの数か所に設置しましょう。もちろん手作りでもOKです。ネコは壁や柱などに立ち上がってツメ研ぎをすることがあるので、床に置くだけでなく、壁に垂直に取り付けられるものもあるといいでしょう。

気に入ってすぐガリガリ始めるものもあれば、お気に召さないものもあるかもしれません。ツメ研ぎ板に興味を示さないときは、機嫌のいいときにツメ研ぎ板のところへ連れて行き、前足を持って2、3回ツメ研ぎするように肉球を板にこすりつけてみてください。肉球にある臭腺によって自分のにおいが付くので、そこでするようになることがあります。

いずれにしろ、選択肢がいろいろあったほうが、ふとガリガリしたくなったときに「やる場所」があってネコは安心するのではないでしょうか。

ただし、喜んで使ってくれたツメ研ぎ板も、そのまま長く置いておくとだんだんやらなくなっていきます。ツメ研ぎの行為そのものには「ツメの古い層をはがして新しく鋭いツメを保つ」という役割がありますから、研ぎの効果が薄れ、感触に満足しなくなったものは新しいものと交換しましょう。

いくつか新たなツメ研ぎの場所は確保しても、それでも壁や家具にガリガリしてしまうことがあるでしょう。

なぜか壁が好きで、どんどん高いところまで引っかき傷を広げていくネコもいます。

これは、「こんなにカラダの大きなネコだぞ」というアピールをしているとされ、なわばりの侵入者への警告・示威行動の一種と考えられています。

実際、野生ではネコ科の動物であるヒョウなどは、木の幹に思いきり体を伸ばして高いところに引っかき傷を残していくそうです。

●ツメ研ぎへの具体的対策

壁紙がどんどん傷だらけになっていくのは見るに忍びない……という人は、壁そのものにネコのツメが立たないアクリル板などを貼るという方法があります。一部のホームセンターなどで、ペットのツメ研ぎ対策用をうたったものも市販されています。

ちなみにツメ研ぎではありませんが、和室の障子を開けてほしくて、ネコが障子紙に前足を突いて破ってしまうことがよくあります。その対策として障子用にも「ネコに破られないように」強化された障子紙が市販されています。

革のにおいが気になって革製品にガリガリしがちなネコもいます。革張りのソファを新調したときなど、飼い主さんは不安でしょうがないと思います。どうしてもネコにガリッとされたくない場合、ネコが嫌うにおいのする、いわゆるネコ除けスプレーを試してみるのもいいかもしれません。ただ、効果はまちまちで、その効果もあまり持続しないようです。

ツメ研ぎの傷跡を残されて、ネコに「困るのよねえ」といってもどこ吹く風です。でも人間側の都合でばかりものを考えず、ある程度寛大な気持ちでいてほしいと思います。ツメ研ぎはどんなネコにも生まれつき備わった習性です。その習性や変なクセも、丸ごと受け入れることが「ネコと暮らす」ということなのですから。

「外に出たい」のか「出たくない」のか

ネコの様子を見ていると、家の外に興味があって、さかんに外へ出たがるネコと、さほど興味がなさそうで、玄関が開いていても外へ出て行かないようなネコがいます。

一般には外へ出たがることが多く、「うちのネコはスキさえあれば脱走しようとする」という飼い主さんもいるでしょう。

しかし、そういうネコでも、実際に家の外へ出たときは、怖じ気づいてしまったように腰を落として動かなくなったり、飼い主さんを求めてニャアニャア鳴いたりすることがあります。もちろん大喜びで探検に出かけるネコもいるし、反応はさまざまです。

外の世界に関心はあっても、家から一歩出れば「なわばり」の外に出ることになるので、ネコは不安でいっぱいになるのだと思います。何かの拍子に脱走してしまっても、家の近くでじっとしていたり、わりと短い時間で帰ってくることが多いのは、自分の住む家という「なわばり」に戻って、早く安心したいからかもしれません。

室内飼育で育ったネコには、外に出してはいけない理由がほかにもあります。

家の外は、ネコにとって自由な世界どころか、危険がいっぱいなのです。

一つは交通事故です。都会でなくても、外は自動車、オートバイ、自転車などが常に走り回っています。ネコは、初めて遭遇する〝動く物体〟に対処できないことが多いのです。道路を渡ろうとして、走ってくるクルマの前で立ち止まってしまうこともあります。歩道をスピードを出して走る自転車も脅威です。ネコの体の大きさからして、接触事故でも起きれば取り返しのつかないことになる危険性は大きいのです。

もう一つは伝染病です。外をウロウロしているうちに野良ネコと接触する可能性があり、野良ネコに感染率が高い猫エイズウイルスや、猫白血病ウイルスなどの伝染病に感染する恐れがあります。やっかいなノミや腸内寄生虫をうつされる可能性もあります。

そしてもう一つは人間です。世の中にはネコを嫌う人がいることを忘れてはなりません。いじめや虐待、さらに毒入りのエサを公園に置くという事件も実際に起きています。田んぼや畑の多い地域では、農薬や除草剤を口に入れてしまう可能性もあります。

家の外は安全ではないこと。これは忘れずにいてほしいと思います。

「かまってちゃん」か「放っておいてちゃん」か

ネコには、「人が好きなネコ」と、「自分が好きなネコ」がいるといわれます。

たしかに、いつもくっついて回っていた子ネコ時代から、ずっと飼い主さんが大好きで、何かというとすぐ飼い主さんにお願いを訴えにくるようなネコがいます。

飼い主さんだけでなく、家にやってくる人みんなになでられて喜ぶ人なつこいネコもいますね。気に入った人の前ではすぐに「仰向け寝転がり」をしてしまう無防備な子もいます。

一方で、あまりかまわれるのが好きではないネコがいます。自分をそっとしておいてほしいときに、さわられたり抱っこされたりすると、不満そうな声で「ウニャア（やめて）」と訴えるネコもいます。そういうネコは、初めて来たお客さんになでられたりすると、すぐに離れて毛づくろいを始めます。なでられた部分をペロペロなめて、そのにおいを早く消してしまいたいのです。

ネコはお愛想も文句も言わない代わりに、そうしたしぐさで自分の気持ちが正直に表に出てしまうのです。そうして観察していると、ネコにも、人にかまってもらうのが好きな「かまってちゃん」と、わりと孤独を楽しむのが好きな「放っておいてちゃん」がいることがわかります。

飼い主さんにとっては、愛猫のそうした性格をきちんとつかんで、それに応じた接し方をしていくことがネコにウケる暮らし方となり、共に幸せに暮らすためのポイントになると思います。

「かまってちゃん」の場合、人間がネコのペースに合わせ過ぎると、何でも言うことをきくネコっかわいがりの状態になりがちです。ネコのほうは飼い主さんへの依存心

かまってちゃんたち（上）と、放っておいてちゃん（下）

がどんどん強まって、留守番をさせられなくなってしまうことも。

さらに極端な場合は、飼い主依存が強いイヌがなりやすい「分離不安症」（飼い主が留守にすると精神的に不安になり、吠えつづけたり粗相したり、家具をかじるなどの問題行動を起こしてしまう）のようになる恐れもあります。

「放っておいてちゃん」の場合は、独立心や自尊心が強い本来のイエネコタイプといえます。それでも飼い主さんに甘えたくなるときは必ずあるので、そのタイミングを見逃さずに、体をなでたり、一緒に遊んだり、グルーミングしてあげるなどして、しっかりとコミュニケーションを図りましょう。

いつも飼い主さんがそばで見守っていることを感じてくれれば、ネコは安心します。ほどほどの距離感を保ちながらも、「よりよい関係」ができていくはずです。

「ネコだけのお留守番」は一泊までを基本に

外出して、どうしても帰宅が遅くなるときや、泊まりがけの旅行や出張に出かけることになったとき、留守中のネコのことが心配になりますね。

そもそも、「うちのネコは、どのくらいの時間ひとりで留守番できるのだろうか」というのがわからないと思います。

これはまず飼い主さんとの関係や、ネコの性格にもよります。ふだん家にいることが多い飼い主さんが、急に長時間帰ってこないことは、やはりネコを不安にさせるでしょう。ふだんから帰りが遅いとか、家を空けることが多い飼い主さんであれば、ネコも留守番に慣れているかもしれません。ただし、いつもの倍以上の時間飼い主さんが不在になってもネコが平気なのかどうか、これはわかりません。

ネコはもともと単独行動型なので、一匹で長い時間を過ごすことはさほど苦にしません。でも、飼い主さんへの依存心が強いネコや、寂しがり屋のネコもいます。「留守番させても平気な時間はこのくらい」とは一概にはいえないのです。

その家で暮らして半年以上経っており、飼い主さんとの信頼関係ができているという前提で、いちおうの目安としては、半日から1泊程度は、留守番させても問題ないと思います。多頭飼いでネコが2～3匹で同居している場合も、同じく1泊程度は問題ないとされています。もちろんこれは留守中の安全管理や、食事、水、トイレの準備を怠らないことが条件です。

ぜひ守っていただきたい留守中の注意点としては、次のことがあげられます。

●留守番をさせるときの注意点

・壊されて困るものはすべて片付ける。
・誤って飲み込んだり食べてしまうと危険なものは引き出しや棚へしまう。
・電気コード類をかじられたりしないようにケーブルカバーでガードする。
・スイッチが入って作動しては困る電気器具はコンセントを抜く。
・閉じ込められる可能性のある場所は、カギをかけるかストッパーでドアを固定する。
・食事は、変質しにくいドライフードのみにして、多めに出しておく。
・ストックのキャットフードの袋は外に出しておかない。
・水は、もし容器を引っくり返してしまっても飲めるように3か所くらいに用意する。
・トイレは、ふだんより1～2個多く設置する。

食事には、タイマーをセットすると決めた時間にごはんが出てくる自動給餌器も市販されていますので、食べ過ぎや一気食いの防止に利用してもいいでしょう。常に新鮮な水が飲める自動給水器もあります。

これらを万全にしても、季節によっては急な気温の変化などで体調を崩してしまうこともあります。冬季の保温にはフリースや毛布を寝床に入れてあげましょう。

怖いのは真夏の熱中症で、気温が上がりやすいマンションなどの場合、エアコンを冷房(設定温度は28℃くらい)かドライにして、かけたまま出かけることも考えるべきでしょう。

以上は一般の成ネコの場合で、子ネコを一匹で留守番させるときは、また別の心配が出てきます。

子ネコは好奇心旺盛でいたずら好きです。何でも口にして歯でかんでみたり、とんでもない場所に潜り込んで冒険したりします。体が小さいので、あなたがまさかと思うような場所に入り込み、出られなくなってしまうこともあります。だれの監視の目もない留守宅は、遊び場がいっぱい、そして危険もいっぱいなのです。

そこで子ネコの場合は、安全を確保するために、ケージ内に寝床、食事と水、トイレを用意して、ケージの中で留守番をしてもらうのもひとつの方法かもしれません。

自由を束縛するようですが、幼児が一人でぽつんと広い家に残されたら不安でたまらないように、子ネコもだれもいない家は不安なのです。スペースが広く上下運動もできるケージを用意しておくと、不意の外出のときなどに活用できると思います。

多頭飼いでは「ネコ同士の相性」に注意して！

ネコと暮らしはじめて、ネコが大好きになると、知り合いに子ネコが生まれたとか、里親にならないかなど、ネコに関する情報が周囲から自然と入ってくるようになるものです。

ネコがネコのご縁を呼んで、1匹だった「うちのネコ」が、2匹、3匹と増えていくケースもあるでしょう。ただ、多頭飼いをする際は、居住スペースや世話にかけられる時間やお金など、事前によく検討してから決断してほしいと思います。

とくに問題となるのは、先住ネコと新入りネコが仲良く生活をしてくれるかという点です。もともと単独行動型でなわばり意識の高いネコですから、スムーズに新しい生活を受け入れるとは限りません。先住ネコにとっては、新入りがやって来て生じる環境の変化は、大きなストレスとなる可能性もあります。

ネコ同士の年齢・性別によっても、相性のよい組み合わせとあまりよくない組み合わせがあるので、一般的な相性のよしあしをまとめておきます。ネコの性格もあるのですべてこうだとはいい切れませんが、一般的傾向として参考にしてください。

●比較的よい組み合わせ　※上が先住ネコ・下が新入りネコです。

◎親ネコ＋子ネコ＝最も仲良くできる組み合わせ。

◎子ネコ＋子ネコ＝遊び相手になりながら一緒に成長できる。

○成ネコ＋子ネコ＝比較的うまくいくが、子ネコばかりかわいがらないように。

△成ネコメス＋成ネコオス＝子を産ませないなら避妊・去勢手術を。

△成ネコメス＋成ネコメス＝メスはオスほどなわばり意識が強くないので。

●トラブルになりやすい組み合わせ

×成ネコオス＋成ネコオス＝オスはなわばり意識が強いためけんかが多くなる。

×高齢ネコ＋子ネコ＝高齢ネコにとってやんちゃな子ネコはストレスの原因に。

以上のことを参考にしていただき、先住ネコの性格・年齢をよく考慮し、あくまで先住ネコ優先で考えましょう。できれば正式に譲り受ける前に、新入りネコとご対面後1～2週間の「お試し期間」をもうけて、相性のよしあしを判断するのがよいと思います。

第6章
もっと楽しく もっと幸せに

「愛される飼い主」を目指してね！

自由気ままで、常にマイペースを崩さないのがネコ。子どものように甘えてくるかと思えば、小さな獣のように狩猟本能を発揮することもあり、人が思いどおりに手なずけようとしても、なかなかできないのがネコという動物です。

それをふまえて、これからも楽しく、幸せにネコと暮らしていくためには、あなた自身も「ネコに愛される飼い主さん」を目指してほしいと思います。

自分は溺愛しているのに、ネコがなかなかなついてくれないとか、スキンシップがうまくできないという人は、日頃のネコとの接し方にちょっと問題があるのかもしれません。まず次の項目をチェックしてみましょう。

○自由気ままにさせているか
○おだやかに見守っているか
○一緒に遊ぶ時間をつくっているか
○ときどき声をかけてあげているか

○食事は満足させているか

ネコは束縛されるのを嫌い、一日中ケージに閉じ込められたり、行動を制約されるとストレスをためてしまいます。また、ツメ研ぎや毛づくろいに励むのはネコの習性ですから、「そこでやっちゃダメ」「服に毛をつけないで」など、いちいち小言をいわれていたらイヤになってしまうでしょう。

ネコと暮らすなら、住宅環境が許す範囲で、できるだけ自由にさせてあげること。そして人間側の都合だけでものを考えず、あまり神経質にならずに寛容さをもって、おだやかに見守ってあげてください。

ネコは遊ぶことも仕事なので、一日一回は一緒に遊んであげましょう。じゃらし玩具を使った遊びは、狩猟本能を適度に刺激するため精神衛生にもよいのです。

年をとってくると運動量が減りますが、子ネコのうちから一緒に遊ぶ習慣をつけておくと、中年期（11～14才）になっても遊びの誘いに乗ってくれることも多いので、肥満や運動不足の予防にもなります。

声かけは、別にネコから返事を期待するものではなく、「きみのことをいつも見ているよ、大事に思っているよ」という意志を伝える意味で大切なことです。自分をいつも気にかけてくれていると感じれば、ネコも安心して過ごせます。

そして食事はネコの大きな楽しみの一つです。それをいつもいつも同じフードで、鮮度が落ちても出しっ放しにしているようだと、次第に食べることの喜びが薄れていき、食が細くなったり栄養が偏ってしまう可能性もあります。種類をまめに変える必要はありませんが、ときどき新鮮な食材をプラスしたりして食欲を刺激してあげてください。

ネコが安心してのびのびと過ごせる環境をつくってあげること。それが「愛される飼い主」への入口で、ネコもあなたもともに幸せになるための第一歩だと思います。

しつけより「幸せな過ごし方」を考える！

人に飼われているネコの世界というのは、飼い主さん（家族も含めて）と一対一の関係でほぼ完結しています。外の社会をまったく知らなくても生きていけます。
一方、人の子どもは、いずれは親の保護を離れ、社会へ出て自立しなければなりません。親と子の関係だけで完結させるわけにはいかないのです。

だから親のしつけは、社会性を身につけさせるためには必要なことで、守るべきルールを守り、他人の気持ちを思いはかることを覚えないと、いずれ本人が困ることになります。それゆえ親は、心を鬼にして子を叱らなければならないときもあります。

その点ネコはどうでしょう。ネコを飼っていて、本当に飼い主さんが困り果てたり、心を鬼にしてまで叱らなければならない場面なんて、あるのでしょうか。叱ってまで「しつけ」をするのはネコにはまったく無用で、本来無理なことだと私は思います。

ネコは飼い主さんを「ご主人」とは思ってくれません。そもそも「主従関係」という概念がないみたいなのです。ふだん、飼い主さんには親ネコに接しているような気分でいますから、「オナカすいた」と鳴けばごはんが出てくるし、「ドアあけて」とガリガリやれば開けてくれるものと思っています。どっちが「主」かといえば、あきらかにネコですよね。

そう考えると、しつけは人がネコに行うのではなく、「人のほうがネコにしつけられる」と考えるのが正しい気がします。困りごとの大半は、人間側がそれをされないよう工夫することで解消します。だいたい困ったことをされるたびにいちいち叱っていては、ネコと暮らす喜びは半減してしまうはずです。

「ネコがかわいすぎて叱れない」とか、「嫌われたくないから怒れない」といって、飼い方を反省する飼い主さんもいますが、私はそのままでいいと思うのです。「自由、気まぐれ、わがまま、やんちゃ」という、ネコの特徴であり魅力でもある部分を、飼い主さんがわざわざ否定することはないと思います。

ただこれは「甘やかす」こととは違います。たとえば、若いネコがかまってほしくて強く噛んでくる場合に毎回やさしく対応していると、どんどんエスカレートしてしまいます。そんなときには断固無視するとか、一時ケージに入ってもらうなどのクールな対処もときには必要です。

ネコとの暮らし方やしつけは「こうあるべきだ」とこだわるより、あなたとネコが「幸せに過ごす」にはどうすればいいか、それを考えることのほうが大事だと思います。

「いやがることはさける!」がネコ生活の基本

ネコと楽しく幸せに暮らすためには、いちばん大事なのは飼い主さん側の姿勢です。とくに初心者の飼い主さんの心得として、次の3つを挙げることができます。

◯ネコがいやがることはしない。
◯自分がされて困ることは、されないように工夫をする。
◯問題が生じないように、予防を考える。

「いやがることはしない」と聞いて、「はい、もちろんそうしてます」と思った方も、じつは気がつかないうちにネコにストレスを与えているかもしれません。

自分では愛情表現と思ってやっていること、たとえば抱きしめて頬ずりする、いきなり「○○ちゃーん」と名前を呼んで抱き上げる……などもそうです。

これらは、じつはネコにとって苦痛なのかもしれません。とくに、いきなり抱き上げたりするのは控えたほうがいいと思います。ネコは突然何かされたり、急に大きな音を立てられるのが嫌いです。用もないのに突然ネコの名前を大声で呼ぶ方がいますが、これもたびたびだと煩わしく感じているネコもいるはずなのです。

昔から「ネコは大工と引っ越しが大嫌い」といわれ、ネコはのんびりお昼寝できるような静かな環境を好みます。バタバタと人の出入りが激しくなったり、大きな物音がひっきりなしに聞こえてくるとビクビクして落ち着かなくなり、押し入れに閉じこもってしまったり、家出してしまうこともあります。

家のリフォームなどでそうした「ネコのいやがる状況」が予想されるときは、あらかじめネコ好きな知り合いに預かってもらうか、ペットホテルの利用も検討してみましょう。短い期間であれば、職人さんが出入りする時間帯はケージの中に入れて、なるべく騒音の響かない場所に移動させましょう。

ほかに「ネコのいやがること」の典型としては、しょっちゅうベタベタと愛撫されることがあります。いわゆるネコっかわいがりです。やっている本人はかわいくて仕方がないのでしょうけれど、過度に体をさわられるのをネコは嫌うのです。

日に何度かなでてもらい、ブラッシングされるのは好きでも、顔を見るたびに抱きつかれてベタベタされるようではネコもうんざりでしょう。でもそんなとき、ネコはツメも立てずにじっとがまんしています。

がまんしても、過剰なベタベタ愛は苦手。ふだんは放っておかれるくらいの、付かず離れずの距離感が本当は心地いいのです。

「トラブルを防ぐ努力」を惜しまないで！

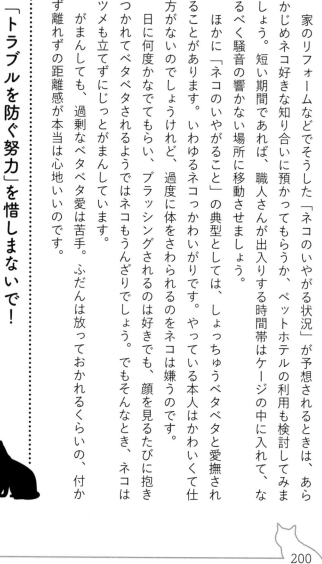

ネコと暮らし始めると、楽しいことがたくさん増えます。その一方、いろいろと不都合も生じてきます。ネコのいない生活では考える必要もなかった問題です。

家の中で動物と暮らすのですから、「それをされては困るのに」という問題がきっと出てきます。いくつか例をあげてみましょう。

壁や柱でツメ研ぎをする。新品の革靴やパンプスでツメ研ぎをする。
食卓のテーブルに乗る。人の食事に手を出す。ところかまわず吐いてしまう。
新しい洋服を毛だらけにする。洗濯物をぐしゃぐしゃにする。
金魚や観賞魚に手を出す。観葉植物を台無しにする。
障子や襖を破る。ゴミ箱をあさってゴミをまき散らす。

……など。過去何匹ものネコと暮らしてきたベテランさんなら、経験済みのものがいくつもあるでしょう。ではこれらの問題をどうするかといえば、「自分がされて困ることは、されないように工夫をする」「問題が生じないように、予防を考える」ということに尽きます。

たとえば、傷を付けられたり壊されたりしたくないものは、あらかじめネコの行動範囲に置かないようにすることです。新品の靴なら下駄箱へ、大事な装飾品ならタンスや引き出しへ。洋服も洗濯物も出しっぱなしにせず、すぐクローゼットへしまうようにすればネコの遊び場にされずにすみます。おかずや食材も外に出しておかずに、すぐ棚や冷蔵庫にしまうことです。

壁や柱、障子のダメージについては、ツメ対策仕様のアクリル板やフィルムを貼ることである程度はさけられるようになります。金魚や観葉植物は、ひと部屋にまとめてネコが出入りできないようにするか、ネコが近づけない囲いを作るなどの工夫を。ゴミ箱はきちんと密閉できるものを使用しましょう。

吐いてしまうケースでは、吐いたものの中に毛の固まりや細長い葉っぱが含まれていないかチェックしましょう。ネコはイネ科などの葉を飲み込んで胃の中の毛玉を吐き出すことがあります。もともと比較的よく吐く動物なので、これは覚悟するほかなく、まめに掃除して対処しましょう。ただし、ひんぱんに吐いたり、食欲がない場合、吐瀉物に血が混ざるような場合などはすぐに動物病院で受診してください。

食卓に上がってくるネコには、初期の対応が肝心です。「あら、いけない子ね」などと甘い顔をしていると何度もくり返すようになります。では、ここでしつけの出番なのでしょうか？　以前は、「ネコへのしつけはタイミングが大事で、やってはいけないことをした瞬間にダメ！　と強い口調で叱るのがよい」などとよく言われていました。しかし、ネコを大声で叱ってはだめなのです。いやな思いをしたことだけが記憶され、「テーブルの上に乗ってはいけない」ことは学習してくれません。

食卓に上がったら、「だめだよ」とすぐにネコを下ろすことを何度でもくり返しましょう。そして食事中は絶対に人の食べものをあげないことです。食卓に上がっても何もいいことは起こらないとわかると、上がること自体に興味がうすれるはずです。

されて困ることは、されないように工夫し、トラブルを未然に防ぐ努力を惜しまないこと。ネコはそんなあなたの努力に気づかないでしょうけれど、これは共に楽しく暮らすための飼い主さんの役目だと思います。

人の食事の「おすそわけ」は禁止のルールを！

食事どきにネコが近くにやってくると、ついおかずの一部をあげてしまうことはありませんか？　人の食べものをネコにあげるクセをつけてしまうと、人間が食事をしているとき、毎回おねだりに来るようになってしまいます。

来れば、また何かをあげてしまうでしょう。そういうことをくり返していると、知らないうちに「ネコに食べさせてはいけないもの」をあげてしまう危険性が高いです。というのは、人間が食べているものには、ネコにとって病気の原因となるものもあり、少量あげただけでも、ネコの体に害となるものが少なくないのです。

だれよりもネコをかわいがっている飼い主さんが、もし自分からわざわざネコの体に害となるものをあげていたとしたら……。悔やみきれないというか、ネコに申し訳ない気持ちになるのではないでしょうか。

そうした事態をさけ、「問題が生じないよう、予防を考える」ためにも、ネコと暮らすお宅では、「ネコには人の食事のおすそわけをしない」というルールを決めておくのがよいと思います。

おかずの中で、白身魚の刺身や鶏肉など、ネコが好み、与えても問題ない食材があれば、あらかじめネコ用に取り分けておいて、ごはんとしてあげればいいのです。鶏肉は塩や調味料を使わず、さっとゆでるだけでＯＫです。

人とネコでは味覚が違い、人がおいしいと感じる食べものを、ネコもおいしいと感じるわけではありません。ネコの味覚については、「苦味を強く感じとることができる」

「甘味を感じとることができない」「塩味と酸味をあまり感じとることができる」「旨味をほとんど感じることができない」――という特徴があります。

自然界では毒性のあるものを口にしないよう、毒物に多い苦味に敏感になったのではないかと考えられます。旨味は動物性タンパク質に含まれるアミノ酸に多く、生きていくために必要なものには敏感だということかもしれません。逆に人がおいしいと感じる甘味や塩味に対する感覚は、ネコは鈍いのです。

人の食べものをネコにあげてはいけない最大の理由は、ネコが食べてしまうと中毒症状を起こしたり、病気の原因となる食物があるからです。とくに知っておいてほしい、「ネコに食べさせてはいけないもの」を最後にあげておきます。

●タマネギ・ネギ・ニラ・ニンニク（これらを煮込んだスープ類もだめ）●サバ・アジ・イワシなどの青魚・マグロ（食べ過ぎに注意する）●アボカド●アワビ（肝の部分）●生のイカ●生の豚肉（トキソプラズマという寄生虫に注意）●チョコレート●大量のレバー●骨の残った魚や鶏など（骨がノドに刺さりやすい）

●また、毒性があるので口にしてはいけない植物としては、ユリ、ポインセチア、シクラメンなどがあります。

「一生の付き合い」で何をしてあげられるか

ネコの年齢を人間の年齢に換算する方法はいろいろありますが、基本的には、生まれて18か月くらいまでに人間の成人（20才）に達し、2才で人の24才、それ以降は、ネコの1年で人間の4年分の年を取っていくと考えられています。

つまり、3才で28才、4才で32才……10才なら人の56才、15才なら76才に当たる計算です。老化のスピードは人間の何倍も速く、10才でもう人間なら中高年か熟年と呼ばれる世代です。ネコの病気はこの頃から目立つようになってきます。

ネコの中年期（11～14才）以降にかかりやすい病気では、慢性腎臓病をはじめとする泌尿器系の病気、がん、糖尿病、歯周病などがあります。

また単に老化と思われて見落とされがちな「変形性関節症」と呼ばれる関節の病気もあります。関節の変形で痛みが生じ、運動をしなくなり、毛づくろいやツメ研ぎもしなくなってきます。「年だから」と思い込んでしまう飼い主さんも多いですが、早めに見つけて適切な処置をすれば痛みも消え、また元気になることの多い病気です。

室内飼育が一般化して、昔に比べると飼いネコの平均寿命は伸びてきています。それでもまだ15才から18才くらいの間に寿命をまっとうすることが多く、20年という長寿を生きるネコはまれです。子ネコのときから一緒に暮らしても、人とネコの関係は長くて10数年というお付き合いなのです。

その間に、ネコはどれだけ多くのものを私たちにもたらしてくれるのでしょうか。

逆に、私たちはどれだけのことをネコにしてあげられるのでしょうか。

ただ一方的にかわいがるだけでなく、暮らしの環境を整え、健康を気づかい、病気の予防や、かかってしまった病気の治療に努めること。ご縁によって一緒に暮らすことになったネコの幸せを考えることとは、そういうことだと思います。

それはまた、私たち自身の幸せにもつながっていると思います。

老ネコさんにはおだやかな環境を維持する

ネコは10才〜12才頃から老化が始まります。これは人間の年齢で言うと56才〜64才頃にあたります。

人の50代後半というと白髪や薄毛、シワなどで外見上も加齢がわかりますが、ネコの外見はさほど変わるわけではないので、飼い主さんは、愛猫が年を取ったということをあまり意識せずに過ごしがちです。

でも、愛猫にずっと長生きしてほしいと思うなら、10才を過ぎた頃から少しずつ老化対策を始めておくことが大事です。前述したようにこの頃から病気の発症も増えてきます。人もネコもただ長生きするのではなく、できるだけ「健康なまま」長生きすることが幸せにつながります。

病気の対策は、予防に努めることと定期的な健診による早期発見・早期治療以外にありません。予防策は飼い主さんひとりではなかなか難しいですから、かかりつけの獣医師さんと健診の際にでもよく相談することが大事だと思います。

そのほか、老ネコさんと暮らす際の注意を挙げておきます。

①シニア用食事に変えていく。
②スキンシップや遊びで体の変化に注意する。
③過度な刺激を与えない。
④住む環境を大きく変えない。

⑤定期的に健康診断を受ける。
①の食事は、市販の「11才以上向け」など年齢に合わせたシニア向けフードでもいいですが、病歴があったり、肥満しやすいなど体質に特徴があれば獣医師さんと相談して検討するのがよいと思います。
②のスキンシップは、ブラッシングやマッサージで日頃よくネコの体にふれておくと、体に異常（シコリ、腫れ、脱毛、痛がるなど）が表れたときに早く気づくことができます。年を取ると関節炎などで動きが悪くなり、毛づくろいでも、舌が届いていた場所に届かなくなったりしますから、グルーミングを手伝う意味でもスキンシップは大事になります。
遊びに関しては、年を取ると体も重くおっくうになるのか、誘ってもなかなか乗ってこなくなります。それでも、老いても多少の運動は必要ですし、少しでも体を動かしてやることで運動機能の衰えや足を引きずるなどの異常に気づくことができます。

うちの老ネコさん（15才）の場合は、ふだんはほとんど遊びませんが、レーザーポインターで壁に小さな光を当てて動かしてやると喜んで追い回します。お宅の愛猫でも試してみてはいかがでしょうか。

③の過度な刺激を与えないとは、老ネコは新しい刺激にはあまり興味がなく、ウケるどころか、かえって苦痛にもなるということ。音がうるさいおもちゃを与えたり、元気づけようと子ネコを迎えたりするのは大きなストレスになってしまうので注意が必要です。

④住む環境を大きく変えない、は、③とも関連しますが、自分のなわばりの様子がガラッと変わるのは苦痛なのです。なわばりから出ていかなければならない「引っ越し」はとくに大きなストレスで、新居から家出してしまったり、心身が弱ってぐったりしてしまうこともあります。自宅のリフォームや大幅な模様替えもできればさけて、おだやかな環境を維持することが、老ネコにはやさしい配慮となります。

⑤の定期的な健康診断は、8才〜10才になったら半年に1回を目安に受診するようにしましょう。病気の早期発見につながるだけでなく、検査数値の変化によって早めの病気予防策がとれることもあります。とくに心配なことがあれば、検査項目や検査法を獣医師さんと相談しながら決めていくドック方式の検査（当病院では「にゃんにゃんドック」と呼んでいます）をおすすめします。

いつか「さよなら」をするときのために

ネコを飼うことは、けっして難しいことではありません。とくに生後2～3か月の子ネコのうちに家に迎えると、ほとんどのネコはよくなついてくれます。

ネコは人間が好きなのです。

それは、飼い主さんという人間が、ネコにとって母親のような存在だからでしょう。

野生のネコは（とくにオス）、母ネコや兄弟たちと過ごしたあと、数か月経つと独立しなければなりません。新しく自分でなわばりを作り、狩りの技術をもって自分で食べていかなくてはならないのです。

そういう時期が近づくと、子ネコがまだ母ネコのオッパイを欲しがっても、母ネコは威嚇したりパンチ攻撃をしたりして追い出してしまいます。

たくさんオッパイを飲ませてくれた、寝る前にいつも毛づくろいしてくれたやさしい母親が、急に冷たくなるのです。ずっと母親と一緒にいたいと思っても拒絶されてしまうのです。子ネコはそれで、自分に「親離れ」の時期がきたことを否応なく知ります。

一方、人に飼われたネコはどうなるでしょう。子ネコのうちから好きなだけごはんが食べられて、飼い主さんはやさしくなでてくれたり、一緒に遊んでくれたりします。そして、野生なら独立のために追い出される時期が来ても、けっして追い出されることはありません。だから、本当の「親離れ」を経験しない飼いネコは、ずっと子ネコの気分のままでいます。飼い主さんに対して、いくつになっても子ネコの気分を持ち続けると考えられています。

だから、人とネコには不思議な関係が生まれます。ネコは飼い主さんにずっと母親のように面倒を見てもらえると思っています。飼い主さんは、ネコが年を取ってからも、子ネコを保護しているような気持ちがずっと続いていることがあります。

またネコは、飼い主さんを一緒に遊ぶ兄弟のように感じているときもあります。人が編み物をしていたり、押し入れに入って探し物をしていると、〝アタシもそのおもしろい遊びに参加させて〟とやってくることがありますね。

またときには、飼い主さんを狩りもできない子どものように感じるのか、捕まえた虫やヤモリをプレゼントしてくれることもあります。〝ほら、代わりに捕ってあげたよ〟

というわけなのでしょうか。

私たち人間とこんな関係を持つ動物は、ネコ以外いませんね。

そんな愛しいネコと一緒に暮らせるのは、13年〜15年くらい、長くてもせいぜい20年少しです。ネコはある日私たちの前に現れて、多くの場合、私たちより先にこの世を去ってしまうのが運命なのです。

ネコは「神様からの預かりもの」だという人もいます。だからいつかはお返ししなくてはならないのです。老いの先に、必ずその日が待っています。その日に、悔いなく心からの感謝と「さよなら」を言えるように、ネコちゃんへの愛情を忘れず、どうぞ幸せな日々を送ってください。

Q&A　そのギモン、専門医が答えます

Q1　ネコに指を1本さし出すと、必ず「鼻キス」をしてくるのはなぜ？

A：わざわざ寄ってきて指先に鼻をつけてクンクンしますよね。これは仲のよいネコ同士が出会ったときに鼻と鼻をくっつける挨拶と同じなのです。鼻を近づけてにおいを確認し合うネコ流の挨拶で、気を許した相手に行うしぐさです。

Q2　ネコ歴20年ですが、いちども「おなら」を聞いたことがありません。ネコはガスがたまらないのでしょうか？

A：ネコちゃんも人と同じように腸の中にガスがたまることがあります。レントゲンを撮影すると、腸管内にガスがたまっていることが確認できます。そのガスは、いずれ腸管を通過し、お尻から出て行きます。つまり、ネコも人と同じようにおならはします。ただ、あまり音がすることは少ないように思います。もしかしたら無音のおならで「すかしっぺ」をしているからかもしれませんね。

Q3 ときどきニャニャッと寝言をいいます。ネコも夢を見るのですか？

A：寝言を言ったり、足やしっぽがピクピク動いたりすることもありますね。ネコの睡眠は人間と同様に「ノンレム睡眠」（深い眠り）と「レム睡眠」（浅い眠り）があり、レム睡眠のときに夢を見ているようです。レム睡眠のときは、体は眠っていても脳は起きているので、寝言をいうのは何か昼間のことを思い出しているのかもしれません。ただし、ネコの夢の中身はだれにもわかりませんね。

Q4 近所でときどき「ネコの集会」を見ます。あれは何をしているの？

A：夜中や明け方に公園などによくネコが集まっていますね。その地域のテリトリーを共有するネコが集まり、メンバー確認（顔見せ）をしているという説もありますが、はっきりしたことはわかっていません。とくに何をするというわけでもなく、何ごともなくまた解散することに意義があるのかもしれません。

Q5 シャーシャーッと威嚇の音を出すのはヘビのまねをしているって本当？

A：そのような説もありますが真相はわかっていません。イエネコの祖先とされるリビアヤマネコはアフリカから中東にかけての砂漠や荒れ地で生活しています。そうした地域ではヘビはとても怖い動物です。ネコはヘビを捕食することもありますが、あまり戦いたくない相手です。ヘビは動きも素早く毒を持っている種もいるためネコ以外の動物にとっても非常に厄介で、その「シャーッ」という威嚇音はほとんどの動物がいやがるはずです。だからネコが威嚇やネコ同士の喧嘩の際に「シャーッ」と発するのは、相手を遠ざけるためにヘビをまねていると考えられているようです。本当にまねしているのか、それとも偶然同じなのかはネコに聞いてみないとわかりませんね。

Q6 室内から出していないのにノミがわいてしまいました。いったいどこでうつったのでしょう？

A：ノミは人の靴の裏や衣服にくっついて家の中に入ってくることがあります。また、近くに野良ネコさんが住んでいる場合も、庭やベランダからノミが家の中に入ってきてしまうことがあります。ノミが繁殖するには気温が13℃以上あれば十分なため、寒い冬の時期でも、暖房のきいた室内では寄生と繁殖をくり返してしまいます。

Q⑦ ネコとのキスでうつる病気はありますか?

A：キスで感染する可能性があるものは、回虫です。回虫はネコの消化管（腸管）に寄生する寄生虫で、回虫に感染しているネコのうんちには回虫卵といって回虫の卵が混じっています。ネコは毛づくろいの一環として肛門付近もなめますから、その際に口の周りに回虫卵が付いていて、キスをすることで人にも伝染するといわれています。

Q⑧ 家に来る客の髪のにおいをよくかいでいます。何が楽しいのでしょう?

A：知らない人のにおいをかいで、その人のことを確認しているのだと思います。また、ヘアスプレーなどのにおいの成分に反応している可能性もあります。ネコのにおいの好みも、よくわからないことの一つですね。

Q9 キャリーバッグでおすすめの形はありますか？

A：動物病院へ通院することを考えるのであれば、前面と上が開くプラスチック製のものがおすすめです。このキャリーは丈夫で変形しにくく、また汚れても洗うことができます。動物病院で診察する際にはネコは往々にして出たがらないものですが、この上部が開くキャリーだと、それを開いてそのまま診察することができます。

Q10 災害に備えてネコ用避難袋を準備し、フードと水は入れました。あと何を用意すればいいでしょうか？

A：常備薬があれば常に病院で余分にもらって入れておくといいです。あとは、もしはぐれてしまったり預けなければならないときのために、ネコちゃんの写真数枚と健康状態・連絡先を記したメモを。あとはペットシートとビニール袋を数枚ずつ（トイレ以外にも何かと役立ちます）。災害時の救援物資はあくまで人優先なので、キャットフードは5日分以上用意してください。水も多めに。

Q11 メスの胸に乳首が8つあります。8匹までは一度に産めるということ？

A：乳首の数と出産する数は関係しているといわれています。人も2つ乳首がありますが一般的には一人の赤ちゃんを出産します。では、ネコちゃんはどうかというと、8つの乳首がありますが、平均的な胎児の数は4匹前後です。すなわち、乳首の数の半分程度です。子ネコが一列に整列して飲むのに理想的な数かと思います。ちなみに、ネコの1回の出産における最大出産数でギネスブックに登録されているものは、19匹でした。

Q12 5か月のメスです。人のベッドで毛布のはしやパジャマのえりをチューチュー吸います。乳離れが早過ぎたんでしょうか？

A：「ウールサッキング」と呼ばれる行動です。遺伝的な要因のこともありますが、5か月齢のネコちゃんであれば早期離乳が関係しているかと思います。時間の経過とともにおさまってくることが多いですが、なかには続いてしまったり、エスカレートして、布を飲み込んでしまったりするネコちゃんもいるので注意が必要です。まずは、寝る前にたくさん遊んであげたり、食べたい欲求をある程度満足させるまで食べさせたりしてあげましょう。成猫になってもこのような問題がエスカレートする場合、食事を高繊維質のものにしたり、布にイヤなにおいのものをつけたりして、やめさせる必要があります。場合によっては、お薬を使うこともあります。

Q13 ロシアンブルーのブリーダーになろうと思っています。普通のメスは一生のうち何回くらい赤ちゃんが産めるものなのでしょうか？

A：ネコは通常1年に2回分娩でき、10才でも産むことができるとはいわれています。しかし人と同様にネコちゃんの高齢出産はかなり母体に負担をかけ、危険が伴います。そのことをふまえ、母体をいたわってあげるなら年2回、6才までが限度かと思います。うまくいって、だいたい5～10回生ませることが可能かと思います。

Q14 近所で飼い主と散歩しているネコを見ます。うらやましいのですが、訓練すればできますか？

A：イヌと違い、多くのネコちゃんは散歩に不向きだと思います。第一の理由としては、大きな音や、動きが速い大きなものに出会うと突然パニックを起こすことがあるからです。第二の理由として、ネコちゃんは縦（上下）に移動することが好きです。何かに興味を持ったときに、急に塀をよじ登って、人がついていけないどこかへ行こうとするかもしれません。またそういうとき、体が柔らかいネコちゃんはたとえ首輪や胴輪をしていても脱げてしまうことがあります。それで逃げてしまうことがありますので、ネコちゃんの散歩を簡単に考えないほうがいいと思います。

Q15 和ネコ（日本の雑種のネコ）はやはり日本人の顔をしているような気がします。外国種と比べて和ネコの特徴にはどんなものがありますか？

A：たしかにシャムネコやメインクーンなどに比べると丸顔であることが多いです。ただ、アメリカンショートヘアなどは和ネコとおなじように丸顔です。また私が学会や研修で訪れたアメリカやヨーロッパ、東南アジアで出会った雑種ネコたちは日本のネコと同じような顔をしていました。世界中でほぼ同じ顔つきをしているのもネコの大きな特徴といえますね。和ネコ・洋ネコの違いというより雑種と純血種の違いなのかもしれません。

装丁：小口翔平＋山之口正和（tobufune）
本文デザイン：斎藤 充（クロロス）
構成：宮下 真
カバー写真：Ardea/アフロ
本文写真：猫カフェ ハピ猫 渋谷店
校正：玄冬書林
編集：内田克弥（ワニブックス）

著者プロフィール

服部　幸
（はっとり　ゆき）

獣医師。
東京猫医療センター院長。
JSFM（ねこ医学会）理事。

1979年愛知県生まれ。

北里大学獣医学部卒業。動物病院勤務後、2005年より都内の猫専門病院の院長を務める。12年に「東京猫医療センター」を開院し、14年には国際猫医学会からアジアで２件目となる「キャット・フレンドリー・クリニック」のゴールドレベルに認定される。

著書に『イラストでわかる！　ネコ学大図鑑』（宝島社）、『猫とわたしの終活手帳』（トランスワールドジャパン）、など多数。

猫専門医として、新聞・雑誌の監修やTV・ラジオ出演も多い。

もっと！ ネコにウケる

著者
服部 幸

2017年3月7日　初版発行

発行者
横内正昭

編集人
青柳有紀

発行所
株式会社ワニブックス
〒150-8482 東京都渋谷区恵比寿4-4-9 えびす大黒ビル
電話／03-5449-2711（代表） 03-5449-2716（編集部）

ワニブックスHP
http://www.wani.co.jp/

WANI BOOKOUT
http://www.wanibookout.com/

印刷所
凸版印刷株式会社

DTP
株式会社三協美術

製本所
ナショナル製本

ISBN 978-4-8470-9555-9